Relatos de un Viaje Galáctico

Kirara Takaoka

Relatos de un Viaje Galáctico
Kirara Takaoka

© Kirara Takaoka, 2024

Diseño de la cubierta: Equipo de diseño de Universo de Letras
Imagen de cubierta: ©Shutterstock.com

Obra publicada por el sello Universo de Letras
www.universodeletras.com

Primera edición: 2024

ISBN: 9788410265011
ISBN eBook: 9788410265554

*A mis padres, por darme el apoyo y el aliento
necesario para seguir mis pasiones, y sobre todo, la
curiosidad para buscar respuestas a mis preguntas.*

*Y a Martina Merino, por ser una amiga tan especial
y darme la inspiración de publicar este libro en otro país.*

La naturaleza es una gran serie
de catástrofes inimaginables.

Slavic Zizek

Aclaración

Para evitar confusiones dentro de la audiencia, he marcado los nombres de las teorías físicas reales en negrita. A continuación se citan las siguientes y se brinda una breve explicación de cada una:

- **Big Bang**: teoría que dicta que el universo comenzó a modo de explosión.
- **Cosmología**: ciencia que estudia la composición, propiedades y evolución del universo, con el objetivo de entender su origen y desarrollo.
- **Mecánica cuántica**: rama de la física que estudia la naturaleza a escalas extremadamente pequeñas.
- **Principio de incertidumbre de Heisenberg**: relación determinada por el físico alemán Werner Heisenberg, que establece la incapacidad de medir dos tipos de magnitudes de una partícula subatómica a la vez.
- **Física de partículas**: rama de la física que estudia los componentes elementales de la materia y las interacciones entre ellos.
- **Modelo Estándar**: teoría que clasifica a las partículas fundamentales en función de sus propiedades y establece reglas acerca de sus interacciones.

- Contracción de Lorentz: efecto relativista que consiste en la contracción de un objeto en movimiento a medida que su velocidad se acerca a la velocidad de la luz.
- Relatividad especial: teoría elaborada por Albert Einstein, que dicta que la luz posee una velocidad constante.
- Relatividad general: teoría de campo gravitatorio formulada por Albert Einstein.
- Teoría de cuerdas: conjunto de hipótesis científicas que asumen que las partículas subatómicas son en realidad filamentos vibrantes.
- Selección natural: proceso evolutivo descrito por Charles Darwin.

Introducción

Bienvenido/a. La verdad es que es inaudito que hayas elegido echar un vistazo a este libro en vez de a los otros miles de millones que había para leer. Te lo agradezco, había una probabilidad extremadamente mínima que ni me animo a calcular de que escogieras este escrito :). Ahora, mi siguiente preocupación es que no te mueras de aburrimiento con la historia que estoy a punto de contarte, una narración en la cual (si somos sinceros) no debería de haber sido parte. Pero no me arrepiento, algunas veces colarse en misiones en las que no tienes que ser parte puede ser bueno..., por lo menos en mi caso.

Los gliesianos enseñaron bien a los de la tripulación que la guerra es insensata. Para una mente lógica, es absurda. Los humanos de Marte (es decir, nosotros) y los de la Tierra estaban en una especie de guerra fría, la cual al día de hoy sigo teniendo problemas para entenderla del todo. Pero, por suerte, ya se le puso un alto por razones que desconozco (era tan solo una niña de 10 años y, de repente, cuando volví habían pasado casi 80 años de eso).

Después del viaje no los he visto más a ellos, fueron unos huéspedes y maestros muy buenos, nunca podremos agradecerles como se debe. Son sabios y benevolentes y nos dieron una oportunidad a nosotros, los *Homo sapiens,* de poder cambiar nuestra percepción de las cosas.

Sin embargo, hay un problema enorme. Lastimosamente, mi memoria es de corto plazo, por lo que no me acuerdo de los nombres de las teorías que nos estuvieron mencionando (es una pena no haberlas apuntado en el momento). En mi defensa diré que no se puede recordar todo cinco años después de los hechos. La verdad es que empecé este libro cuando nos asentamos finalmente en Próxima Centauri b, pero tardé un poco en terminarlo.

No obstante y para mi agrado, esas teorías y modelos también son conocidos por los humanos, ¡y tienen nombres más fáciles de recordar! De modo que aclararé que usaré esos nombres para referirme a ellas. El resto del contenido estará intacto respecto a lo que pasó (según lo que recuerdo, claro está).

Capítulo 1
La tripulación

—¡Me seleccionaron!

Mamá y yo estábamos jugando al ajedrez, como de costumbre, cuando George, tras dar pasos estrepitosos y abrir la puerta de un manotazo, nos gritó su logro.

¿Le habían seleccionado para *qué*? Era mi pregunta, pero esperé a que mis padres dijeran algo antes de intervenir.

—¡Oh, cielos! ¡Pero qué grata sorpresa! —respondieron al unísono. Mi madre se desconcentró del juego.

—¡Vamos a salir dentro de tres días! Ahora se hará una presentación de toda la tripulación a los ciudadanos, tienen que estar allí. —replicó George.

Mientras mamá estaba distraída, aproveché el momento y mi alfil cayó sobre su caballo.

—¡Claro que estaremos allí! ¿En cuanto tiempo es?

—¡En media hora! Por eso he salido corriendo para llegar.

Tras cuatro piezas menos para mi madre, mi último alfil fue derrumbado, pero mi estrategia seguía en pie. Un paso más y...

—¡Jaque mate! —grité. Ahora podría preocuparme por el tema de conversación.

—George, ¿para *qué* te seleccionaron?

—¿No le habías contado? —preguntó mi madre, un poco sorprendida. Mi hermano siempre me contaba todo y yo a él—. Por cierto, bien jugado, hija.

—Pensé que se lo tomaría mal —respondió. Luego se dirigió a mí—: Jane, me eligieron como uno de los primeros astronautas que van a comenzar con la colonia de Próxima Centauri b.

—Pero ¿por qué me tomaría a mal eso? ¡Es una gran sorpresa! ¡Tengo un hermano astronauta! —respondí orgullosa.

—Ya verás cuando estudies **relatividad especial**. —Cambió de tema—. ¿Quieres venir a la presentación? Ya vamos a salir.

—Claro, claro.

Guardé el ajedrez y lo dejé en un mueble. Nuestra casa no era muy grande. Bueno, ninguna casa era grande en Marte, ya que solo éramos un conjunto de colonias desparramadas en ese planeta. La mayoría de las residencias eran de color blanco y de forma parecida a los polígonos *low poly*, como las imágenes que seguro vas a encontrar si buscas *Colonia en Marte* en tu buscador, si mal no me acuerdo, en *Woogle*.

Al ser pocos en la colonia, todos nos conocemos de cara. En vez de por ciudades, nos juntamos por colonias, cada una de 30 a 60 personas. En ese entonces había aproximadamente 4000 colonias.

Yo nací aquí y mis padres también. Ellos fueron parte de la segunda generación de personas nacidas fuera del planeta Tierra, siendo mis bisabuelos y miles de personas más los primeros colonizadores.

No sé nada de la Tierra. No sé cómo son las personas allí, o si tienen el mismo aspecto que nosotros. No sé cómo es su cultura, no sé si hay otra vida allí aparte de la humana, no sé los nombres de sus países, no sé casi nada. Lo único que conozco es que es una gran bola de agua con tierra.

Mis padres y la mayoría de la gente tampoco saben demasiado. En las conversaciones, en los raros casos en los que hablan sobre los humanos de la Tierra, se refieren a ellos con un vago «los de la Tierra».

Mi familia y yo fuimos caminando por la tierra rocosa del planeta. Nos dirigíamos hacia el Centro de Presentaciones Generales, que no estaba demasiado lejos de nuestra colonia ni de las demás. Estaba más o menos en el medio de todas, como a tres o cuatro kilómetros. Allí trabajaban generalmente los políticos y científicos más importantes. Se preparaban toda clase de proyectos, se hacían presentaciones y se dirigía el planeta. El lugar era como una Agencia Espacial mezclada con todos los ministerios y centros de investigaciones más importantes.

Varias personas de nuestra colonia y de las demás se dirigían hacia allí. Vi cómo mi hermano se ponía nervioso. Sentí empatía hacia él, sería presentado a miles de personas. Un nuevo astronauta, un nuevo equipo que nos llevaría a un nuevo planeta, lejos de aquí.

—George, ¿te podré acompañar en tu viaje? —le pregunté.

—Me gustaría, pero no. Eres todavía demasiado joven y los astronautas fuimos seleccionados entre miles. Lo siento.

—Pero...

—Espera un rato, tengo que ir con los demás. Hablamos después, ¿ok?

No repliqué para no empezar una discusión en frente de la multitud. Más tarde le convencería.

Nos ubicamos en el gran anfiteatro con mis padres. El presidente Roosevelt estaba allí parado, observando con una mirada tenaz y firme a todas las personas que se acercaban. El hombre aparentaba ochenta y pico años, pero se le respetaba mucho en el planeta.

—Bienvenidos, ciudadanos de Marte. —Comenzó su discurso cuando la mayoría de las personas estaban acomodadas. —El día de hoy es uno muy importante, que marcará la historia de la humanidad, ya que nuestro programa de colonización de un planeta *fuera* del sistema solar se ha completado y enviaremos a cinco astronautas a organizar la futura colonia.

Se oyeron vítores y aplausos por todo el estadio.

»Aprovechando que apareció un agujero de gusano cerca de Venus, enviaremos a nuestros astronautas, con su nave espacial, hacia el sistema por medio de asistencia gravitacional. Luego continuarán el viaje entrando en el agujero de gusano, el cual es posible mantener abierto lanzando energía negativa. Para ellos, debido a la dilatación temporal, el viaje de ida tardará un poco más de un año, debido al tiempo que tardarán en llegar hasta Venus, mientras que para nosotros serán cuatro años de espera...

¡¿Cuatro años de espera?! Y será solo la ida... Es decir, que podría ser que no vea a George por mucho más tiempo. No puede ser. Ahora, con más razón, quería ir con ellos. De la forma que fuese.

El presidente habló de otros temas, pero volví a prestar atención cuando mencionó a «los de la Tierra».

—Nuestros enemigos del planeta Tierra no son capaces todavía de un logro así, por lo que demostraremos de una vez por todas que somos superiores. Les mostraremos que somos *nosotros* los que partiremos primero del sistema solar. Estamos en una *guerra fría* con ellos, pero que no haya violencia no significa que no haya enfrentamiento. Además, tomaremos los gastos de este viaje como una inversión a largo plazo. Este viaje será clave para expandir más negocios y traer más recursos a este planeta. Así, otra vez, estaremos un paso por encima de *ellos*.

Me había olvidado de comentarles, queridos lectores, que no nos llevábamos tan bien con los de la Tierra. Supongo que por eso la mayoría de los habitantes no nos relacionamos tanto con ellos y no sabemos casi nada. Ni idea de cómo ocurrió esa enemistad, todavía no me enseñaron la historia detrás de esto en la escuela. Tengo solo diez años.

—Papá, ¿los intereses de este viaje están más dirigidos a ganar la guerra? —le pregunté a mi padre en voz baja, casi susurrando.

—Estás en lo correcto, hija, los de Marte queremos ganar, por esto se aprovechó el viaje. En la Tierra había pasado algo así cuando se intentó llegar a la Luna por primera vez. En muy simples palabras, los dos bandos, Estados Unidos y la Unión Soviética, querían llegar a ella primero y ganó Estados Unidos —me respondió mi padre. Luego seguimos escuchando el discurso.

—Teniendo en cuenta todo esto —siguió el presidente— ahora presentaremos a la prometedora tripulación del Explorer. —Ese era el nombre de la nave—. Primeramente, como comandante de la nave tenemos al comandante Wright, piloto y jefe de las Fuerzas Armadas del planeta. Luego está la doctora Jenner, que será la médica encargada del viaje. Tenemos a la reconocida doctora Heisenberg como ingeniera aeroespacial y de telecomunicaciones. A continuación tenemos a Víctor Mendel como astrogeólogo y, por último, contamos como biólogo con George Planck.

Toda la multitud empezó a vitorear con mucha más fuerza. Me uní a ellos. Mi hermano era el más joven entre los cinco, con unos veinticinco años. Le seguía el astrogeólogo, que tenía veintisiete. La Dra. Jenner tenía treinta y tres y la Dra. Heisenberg, casi cincuenta. El más viejo era el comandante, con no menos de cincuenta y cinco.

Capítulo 2
Los planes

—¿Cuánto tiempo tardaremos en llegar a Venus? —preguntó el comandante Wright al jefe de misiones especiales.

Faltaba un mes para el viaje y estábamos en medio de una reunión de organización. Se suponía que yo no debía participar, pero tras una gran cantidad de ruegos a mi hermano, aceptó y accedió a que le acompañase.

—Aproximadamente un año y un poco más si usamos la asistencia gravitatoria. —respondió—. Cuando lleguen, deben dirigir manualmente la nave hacia el agujero de gusano, que los llevará a su destino.

—¿Qué pasa si ocurre algún contratiempo en medio del primer viaje? —cuestionó el comandante.

—No ocurrirá nada si es que nuestras predicciones son correctas —replicó la Dra. Heisenberg—. Estuvimos trabajando en modelos matemáticos que describen el movimiento de los asteroides y demás cuerpos, los cuales son muy precisos. En caso de que algo nos golpee en el camino, nosotros mismos sabremos arreglar la nave.

—Comprendo, ¿pero qué pasa si el mecanismo que estamos usando para el viaje falla? —volvió a preguntar Wright.

—Comandante, ¿está seguro de que no se olvidó de sus lecciones de relatividad general? —dijo la Dra. Heisenberg de forma sarcástica—. ¡El mecanismo de la gravedad jamás fallará!

De repente, los demás miembros de la tripulación y el jefe de misiones especiales (todos los miembros de la reunión) se rieron. Yo no capté el chiste porque no entendía a qué se referían cuando decían «asistencia gravitacional», así que pregunté:

—¿Qué es la asistencia gravitacional?

—Es una forma que tenemos para viajar por el sistema solar —respondió Víctor Mendel, el astrogeólogo—. Aprovechamos el campo gravitatorio de los demás planetas para acelerar nuestra nave, así gastamos menos combustible en el camino y se reducen los gastos.

—Básicamente, según la relatividad general, el espacio-tiempo es como una gran goma estirada. Los planetas y demás cuerpos son como bolas de metal que, cuando las pones encima de la goma, cambian levemente la forma de esta por su peso. Si agregamos otra bola más pequeña a la goma y le damos un leve empujón, esta girará alrededor de la más grande, ya que «cae» hacia ella. Es por esto por lo que los planetas orbitan alrededor del sol, porque la estrella los está atrayendo y están «cayendo».

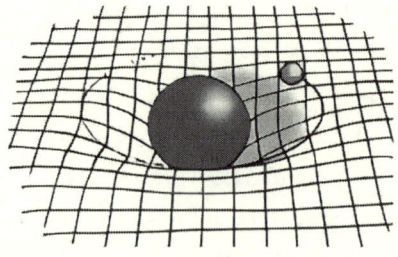

Figura 1. La curvatura del espacio-tiempo (http://www.
zamandayolculuk.com/html-3/teoria_la_relatividad.htm.

—De este modo, en el viaje nuestra nave va a tomar el lugar de una bola mucho más pequeña en la goma. Como Venus está más cerca del Sol que Marte, vamos a «caer» hacia él, pero girando, ya que estamos en órbita. No sé si ya entendiste un poco mejor...

Asentí y le agradecí en voz baja.

—Perdón si mi hermana está molestando, pero es muy curiosa —se disculpó George ante el jefe de misiones.

—No hay nada de qué preocuparse, señor Planck —dijo el jefe sonriente. Luego se volvió a poner serio—. Sin embargo, debo darles ahora mismo sus últimas indicaciones, nada puede salir mal.

Así, habló durante aproximadamente una hora. El jefe tenía cara de ser un señor muy agradable, amable, pero al mismo tiempo estricto y perfeccionista. Tenía unos 65 años y todos sus pelos ya eran canas. Pero de igual modo, transmitía energía.

—Acuérdense de que no llevarán alimentos para toda su vida —dijo—. En todo caso, si es que se llegan a quedar en Próxima Centauri b por el resto de sus vidas, les enviaremos más recursos. No obstante, no sufrirán de hambre, ya que de todos modos tendrán una gran cantidad y *creemos* que podrán consumir algunas cosas del planeta.

Terminó la reunión.

¿Cómo podría ser que se queden allí por el resto de sus vidas? ¿No podré ver a mi hermano nunca más?

=

Era la noche antes del despegue. Todos se prepararon para ir a cenar en el Centro de Presentaciones Generales, donde había restaurantes muy buenos. El presidente Roosevelt, nuestros padres y los de algunos miembros de la tripulación nos acompañaron.

Llegamos. Al entrar al restaurante nos llevaron hacia una sala especial, una para «celebraciones especiales».

Nos ubicamos y nos sentamos (estaba en medio de papá y mamá y enfrente de la Dra. Jenner). Nos ofrecieron bebidas y entradas y nos dieron la carta para hacer el pedido de los platos principales.

Cuando llegó la comida se me hizo la boca agua, pero antes de comer, el presidente nos dedicó algunas palabras y felicitaciones a la tripulación. Los padres (incluyendo los míos) se encontraban completamente orgullosos.

Nos lo comimos todo y nos reímos mucho. Cuando salimos estaba muy feliz por mi hermano, pero a pesar de esto había un sentimiento amargo que recorría todo mi cuerpo. Nunca más vería a George. Nunca más tendría a mi hermano a mi lado. Tuvimos semejante cena especial porque los cinco nunca más pisarán Marte. No sabremos casi nada más de ellos. Después de todo, los únicos mensajes que enviarán serán informes técnicos.

Papá y mamá estaban muy orgullosos, pero también sabían esto. Cuando llegamos a casa se quedaron a ayudar a George a terminar de preparar sus cosas y a hablar más. Saldría de madrugada. Yo dije que tenía sueño y que me iba a acostar, así que fui a mi pieza.

No obstante, no dormiría. Ya había tomado una decisión mientras caminaba: iría al viaje. Le había preguntado varias veces a mi hermano si podría ir y todas las veces me dijo que no. Sería bueno ir a otro planeta, ¡qué emoción!, y aprendería muchas cosas y nunca me aburriría. Por lo tanto, la única alternativa que quedaba era escaparme aquella noche y entrar en la nave antes de que me descubrieran.

Capítulo 3
La escapada

Ya eran las tres menos cuarto cuando terminé de empacar todas mis cosas. Realmente no me cargaría de mucho equipaje, pero me costó decidir qué clase de ropa seleccionar. ¿Hará frío o calor en el nuevo planeta? ¿Tendremos que ser formales o casuales?

De todos modos, también tendría que llevar un poco de comida, por lo menos para tres días. Era consciente de que el viaje duraría muchísimo más, pero no podría estar escondida en el sistema de ventilación durante años, sin hablar con nadie. En algún momento me tendría que dejar ver para ingerir alguno de los alimentos que ellos llevaban.

Cuando pensé en eso, fui rápida y sigilosamente a la cocina para sacar algunas cosas de la heladera. Mis padres seguramente seguían dormidos y creo que George ya había ido al cosmódromo, porque faltaba menos de una hora para el despegue de la nave, que saldría a las tres y media de la mañana.

No, mis padres ya se habían ido, pues ellos verán el despegue y deben llegar con antelación. Lo sé porque más o menos a las dos y media de la mañana entraron a mi cuarto a ver cómo estaba (claramente me hice la dormida).

No había dormido esa noche y empezaba a tener sueño, pero más tarde podría dormir en la nave, así que me preparé para salir de casa. Cerré mi mochila, me puse el traje espacial (el que siempre usamos al aire libre en Marte) y partí. Por suerte, todo estaba cerca de las colonias, así que tendría tiempo suficiente para colarme en la nave antes de que todos entrasen.

No obstante, apreté el paso por la emoción y la adrenalina. No era el tipo de persona que hacía cosas que no debería estar haciendo, pero justamente en ese instante estaba haciendo lo contrario.

Llegué al centro espacial casi a las tres de la mañana y entré por la puerta secundaria, por si acaso. Había mucha seguridad y no sería fácil entrar en la nave sin que alguien me viera.

Por suerte, por pura casualidad, encontré en el pasillo el uniforme de algún limpiador distraído, que se lo había olvidado. Me lo puse rápidamente y fui corriendo a la zona de despegue. Como predije, había demasiada vigilancia, pero nadie me había visto entrando en la nave.

Era considerablemente amplia y tenía varios pasillos (la entrada estaba por uno de ellos). Di unos pasos más y me encontré con el centro de control, que creo que jugaba también el rol de sala de estar.

Busqué rápidamente alguna entrada al sistema de ventilación y la encontré en cuestión de segundos. Me saqué el uniforme, lo guardé en la primera caja que vi y me metí en mi pequeño escondite. Era un poco más estrecho de lo que pensaba, pero estaba bien, ahora si podría prepararme para dormir.

El sonido de los grandes motores me despertó rápidamente, estábamos a punto de despegar. Pude ver por la rejilla de ventilación a los miembros de la tripulación, sentados y serenos. Dos de ellos se estaban comunicando con el centro de control. Los demás estaban en silencio.

De repente, se dio el conteo de despegue. 3..., 2..., 1... Los motores rugieron y nos elevamos. El viaje había comenzado definitivamente y me había colado sin que nadie se diera cuenta.

Ya estábamos en camino a Próxima Centauri b.

Capítulo 4
El viaje

Pasaron tres días desde que nuestra nave despegó. La tripulación no descansaba. Al contrario, pasaban las veinticuatro horas del día pendientes de cualquier cosa que pase. Yo, por mi parte, no tenía demasiado que hacer, escondida en el conducto de ventilación. Me pasaba los días durmiendo o escuchando las conversaciones que solían entablarse en el centro de control.

En una de esas ocasiones, cuando los cinco miembros del grupo estaban discutiendo sobre unos planes, me desperté y los escuché.

—Pero ¿hemos traído los equipos necesarios para hacer ese tipo de experimento? —preguntó Mendel a la Dra. Heisenberg.

—Por supuesto —respondió ella, totalmente segura—. Desde que se empezó a hablar sobre este proyecto somos conscientes de que el planeta podría albergar vida extraterrestre primitiva y sería bastante insensato de nuestra parte no tomar muestras para verificarlo.

Todos estaban cenando. No era comida normal, ya que estaban en el espacio, sino deshidratada. Tenían la opción de rehidratarla con ayuda de una pistola de agua caliente que va conectada a una bolsa con los alimentos. De todos modos, también había directamente comida en forma de pasta.

—Claro, tienes razón —dijo mi hermano—. Las muestras las sacaremos de lugares con agua, ya que, según entendemos, la vida primitiva solo se puede dar si hay fuentes de agua, aunque claramente depende de algunos otros detalles. Sin embargo, el planeta parece cumplir con todos ellos.

—En efecto —agregó Mendel—. En las observaciones hechas al planeta se demostró que hay posibilidades de que el agua líquida *exista* en la superficie. Veré qué utensilios usar para el experimento, aunque tenemos mucho tiempo para prepararnos, más de un año.

Siguieron hablando. Me empezaba a aburrir una vez más, así que saqué mi tableta para leer un libro. No obstante, la corriente de aire que pasó justo en ese momento me hizo estornudar. «¡Ohh, no»!

—¿Qué fue eso? —preguntó el comandante Wright.

—¿No vino del sistema de ventilación? —respondió la Dra. Jenner—. Siempre suele hacer ruidos extraños. Puedo revisarlo después.

—Puedo revisarlo yo —dijo mi hermano, que ya había terminado con su comida. Era consciente de lo rápido que me descubrirían, debido a que no tenía otro lugar para esconderme.

Se levantó y sacó la reja de ventilación. Inmediatamente puso cara de disgusto, ya que me había visto.

—Pero ¡¿Qué haces aquí?! —gritó. Los demás miembros de la tripulación se acercaron.

—Estaba a punto de dormir —respondí, haciéndome la desentendida ante tanto escándalo. La verdad es que estaba nerviosa y avergonzada, pero no quería que se notase.

—Pues bien, querida, el sistema de ventilación de una nave no es un buen lugar para acostarse —dijo la Dra. Heisenberg en tono enojado.

Ya había salido de mi escondite y, mientras, la tripulación discutía a causa de mi presencia.

—¿Tenemos los recursos suficientes para alimentarla? —preguntó mi hermano.

—Por suerte, sí —respondió Heisenberg—. Tenemos una carga completa de comida extra por si nos hacía falta, así que eso no es un problema. Pero, niña — se dirigió a mí—, ¡¿por qué estás aquí!?

—Quería estar con mi hermano y explorar un nuevo planeta —respondí de forma inocente.

—Pues bien, quiero que sepas que no deberías estar aquí con nosotros. ¿¡No sabes lo peligrosa que puede llegar a ser esta misión!? ¡Vas a estar a años luz de tus padres y nosotros no sabremos qué hacer si te pasa algo! Deberías estar en Marte, disfrutando de una vida normal y segura.

Me siguió reprochando. Con todas las palabras que decía sabía que hice mal, pero no estaba arrepentida. Y lo mejor era que no había vuelta atrás.

Media hora después me dieron algo de comer y un cuarto para dormir. Al fin tendría un buen espacio para descansar.

Desde ese evento, tuve que ganarme la amistad de los miembros de la tripulación para que me perdonaran. Pasando los meses, me hice amiga de todos y les ayudaba en lo que podía.

El año pasó bastante lento, ya que no tenía mucho que hacer, aunque todo cambió cuando llegamos al agujero de gusano cerca de Venus.

—¡Tripulación, llegamos al agujero de gusano! —Nos había avisado el comandante por medio de la radio. Todos fuimos corriendo hasta el centro de control.

Ver el agujero de gusano era impresionante. Distorsionaba el propio espacio (y el tiempo, ya que los dos están unidos) y tenía forma esférica.

—Esto es un atajo por el espacio y el tiempo, ¿verdad? —pregunté.

—Sí —me respondió el comandante—. Es un atajo por el mismo espacio y el tiempo. Es como un papel. Si lo doblas y pones un lápiz en el medio, el lápiz toma el lugar de un atajo, ya que conecta dos partes del papel que de otra forma estaban muy lejos.

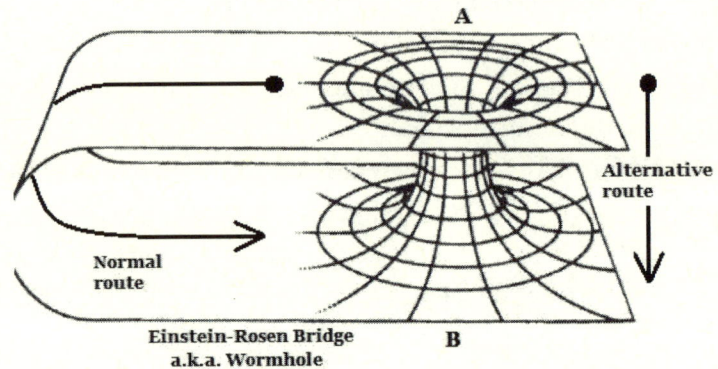

Figura 2. Agujero de gusano (https://www.quora.com/Does-a-wormhole-look-like-a-sphere-If-not-what-does-it-look-like).

—Exactamente —continuó la Dra. Heisenberg—. No se puede viajar más rápido que la luz y esto nos acarrea varios inconvenientes al querer salir del sistema solar, ya que los otros lugares están *muy* lejos. Por esto es por lo que estamos aprovechando la aparición del agujero para poder explorar.

Mientras ellos dos respondían ya habíamos entrado. Todos nos quedamos callados, maravillados, mirando asombrados el camino por el que pasábamos.

En un rato llegamos a nuestro destino. Habíamos salido del sistema solar en poquísimo tiempo. Vimos a Próxima Centauri, que era el sol del sistema, y a Próxima Centauri b.

Nos íbamos acercando (ya estábamos casi en órbita, pero hacía falta acelerar un poco) cuando los tripulantes pusieron cara de disgusto y sorpresa al percatarse de algo. Víctor Mendel fue el primero en hablar.

—¿Soy yo o esas son naves extraterrestres?

Capítulo 5
¿Hay alguien ahí?

Aterrizamos la nave en la superficie del planeta. Mendel estaba en lo correcto, eran naves extraterrestres. Había varias, casi como un batallón que viene bien preparado para apropiarse de un planeta completo. Algunas estaban orbitando el sistema, pero la mayoría ya se encontraba en el suelo.

Definitivamente, estos extraterrestres eran más avanzados que nosotros. Primeramente, se notaba que este no era el primer planeta que colonizaban, ya que estábamos observando que realizaban procedimientos como analizar el suelo, poner unas carpas y primeros establecimientos, etc. Hacía pocos días que habían llegado al planeta. No nos animamos a bajar de la nave, pero estábamos mirando desde lejos, todos muy silenciosos.

Su aspecto físico era raro. Eran humanoides, pero su color de piel era azul, comparado con el de los humanos. Todos llevaban capuchas y tenían ojos rojos. Sus cejas eran negras, muy finas, y tenían unas facciones muy resaltadas. Eran más altos que la mayoría de los humanos, todos medían casi dos metros.

Vestían túnicas y un traje espacial tan fino (y tecnológico) que casi parecía ropa normal. Lo llevaban debajo de la túnica. Los militares y el individuo que parecía ser el general tenían un traje espacial combinado con una armadura.

Los miembros de la tripulación se veían asustados. No teníamos chance de reclamar este planeta como nuestro y tampoco teníamos combustible como para volver a Marte. El agujero de gusano seguía abierto, pero si lo atravesábamos y llegábamos a Venus, igualmente no podríamos regresar a nuestro hogar, ya que en medio del camino nos faltarían recursos.

Asimismo, no podríamos pelearnos con ellos por el territorio. Nos ganarían y aniquilarían en segundos. No teníamos chance con semejante potencia militar.

De repente se escuchó un estrépito en la entrada de la nave. Dos militares extraterrestres nos habían descubierto. Me dio un salto en el corazón, estábamos muy asustados. ¿Qué harían unos extraterrestres mucho más avanzados con unos seres vivos «inferiores»?

Entraron e inspeccionaron toda la nave. Se veían muy temibles allí. Cuando nos vieron, nos hicieron señas para que les siguiéramos. Fuimos dóciles y les acompañamos, no queríamos empezar una pelea que no ganaríamos.

Por suerte, todos nos habíamos puesto nuestros cascos y trajes espaciales, porque no sabíamos si la atmósfera del planeta era apta para nosotros.

Caminamos por un rato hacia la base más grande de los extraterrestres. Era una carpa gigante donde supongo que administraban todas las cosas y realizaban sus planes. El suelo era rocoso, casi como el de Marte.

Tenía la ilusión de que, si queríamos, podríamos ser capaces de escaparnos. Los militares no nos vigilaban demasiado, casi como si meramente fuéramos invitados.

Llegamos a su establecimiento y nos condujeron hacia una sala enorme de reuniones. Su paleta de color era más de tonos negros y oscuros, y los muebles y dispositivos tenían un toque bastante simple.

Nos hicieron señas para que nos sentásemos en una de las sillas que había en la gran mesa de reuniones y uno de ellos fue a buscar algo. Cuando llegó, llevaba consigo seis dispositivos bastante chicos y nos entregó uno a cada uno. Agarré el mío y, cuando apreté, algo se encendió. Lo primero que hizo fue escanear mi cabeza. Más que la cabeza, creo que escaneó mi cerebro para saber qué idioma hablamos nosotros, los humanos, ya que luego apareció inscrito en la pantalla: «Bienvenido, puede sacar esta pantalla del dispositivo y colocarse el traductor en su oreja. Gracias».

Saqué la pequeña pantalla y me puse el dispositivo en la oreja. Vi que los miembros de la tripulación estaban haciendo lo mismo. Ahora podríamos empezar a comunicarnos sin problemas con ellos. No obstante, todos seguíamos en silencio.

Súbitamente, casi veinte extraterrestres llegaron a la sala y se sentaron en algunas de las varias sillas restantes de la mesa. Tendríamos una reunión con ellos, con los primeros extraterrestres con los que la raza humana se había topado.

Capítulo 6
La prueba

Los miembros de la tripulación estaban tensos. Yo solo miraba y observaba a los extraterrestres. ¿Cómo se suponía que les tenía que saludar?

Uno de ellos vio que lo observaba. Mientras se sentaba, me preguntó:

—¿Eres la más pequeña, verdad?

Asentí con la cabeza y le respondí con un vago «sí». Por suerte, teníamos estos traductores en nuestras cabezas. De tan tecnológicos que eran podía escuchar a los extraterrestres hablar en nuestro propio idioma.

Todos se sentaron. El que parecía el líder se paró y se presentó.

—Buenos días, caballeros. Nosotros somos los gliesianos, pues venimos del planeta Gliese 667 Cc, que orbita a la estrella que ustedes llaman Gliese 667 C.

La Dra. Heisenberg hizo un gesto de asombro. Seguramente conocía el planeta por las observaciones que se le habían hecho.

—Como deducimos que ya sabrán, queremos colonizar este planeta. Y también creemos que ya se dieron cuenta de que no es el primero, por lo que no es indispensable para nosotros. Les llamamos a esta reunión para decidir quién se lo va a quedar.

Esta vez todos los miembros de la tripulación pusieron caras sorprendidas. Me hubiera reído de ellos si los extraterrestres no nos hubieran mirado tan seriamente. Aunque yo también estaba extrañada, ya suponía que el planeta lo tomarían ellos. Después de todo, no nos podríamos pelear.

El comandante Wright les respondió a la defensiva:

—¿Qué quieren de nosotros? No tenemos nada con lo que negociar.

—No queremos nada en particular, señor. Queremos saber sus planes. ¿Qué les ha traído tan lejos de su hogar?

—¿Qué le importa eso? De todos modos, eso no determinará de quién será el planeta.

—Sí que importa, señor comandante. Queremos ayudarles y sabremos cómo en función de sus objetivos. Sabemos que son unos seres inferiores tecnológicamente y en conocimiento, pero no sabemos qué les falta.

Para mi asombro, ninguno de los de la tripulación parecía creer al extraterrestre. ¿Nos tenderían una trampa?

Yo no sabía, pero personalmente sí estaba convencida. Como nadie respondió, lo hice yo.

—Señor, ehh..., extraterrestre, si entiendo bien..., vinimos aquí con fines económicos, para expandir nuestros recursos y los negocios. Eso es lo que sé, y también para ser los primeros en colonizar otro planeta. Me refiero a los primeros humanos, porque están los humanos de la Tierra y nosotros, que somos de Marte.

—Y dime, niña —respondió el líder de los gliesianos—, ¿por qué compiten los humanos de la Tierra y los de Marte? ¿Están en guerra?

—Sí señor, estamos en guerra, pero yo todavía soy muy joven como para entender la causa.

Mi hermano me miró con una mirada asesina. Me estaba diciendo de forma no verbal que metí la pata, pero yo no creía eso. Ellos nos querían ayudar. Si no era así, nos podrían haber matado hace mucho.

La Dra. Heisenberg, que estaba a mi lado, me retó en voz baja.

—Niña, no digas nada más. No dejes que sepan nada más de nosotros.

—Pero doctora, ellos nos quieren ayudar —le respondí.

—¿Cómo sabes eso? ¿Y por qué unos extraterrestres querrían ayudar a unos seres inferiores?¡No tiene sentido!

—¿Por qué no tiene sentido?

—Dime, ¿tú harías eso? Si quieres ir a colonizar otro planeta y te encuentras con otros extraterrestres con menor tecnología que la tuya, ¿les querrías ayudar? ¿O querrías hacerlos desaparecer de tu vista para ocuparte tranquila de tu planeta?

—Les querría ayudar, porque así les podría enseñar algo. Además, ellos ya tienen colonizados varios planetas.

—Nunca conocí a una niña más ingenua. Pues bien, lo que seguramente quieren hacer es lo segundo. Y *tú* les estás facilitando nuestra muerte dándoles datos sobre nosotros. Así que no digas ni una palabra más.

—Pero... ¿por qué está tan a la defensiva, doctora? Es como si diera por sentado que los extraterrestres, por naturaleza, quieren matarnos. ¿Qué pasa si ellos son los buenos y nosotros somos los que arman tanto escándalo? Al final, todos somos seres vivos, ¿no? Solo provenimos de distintos planetas y eso no significa que seamos contrarios. Ni siquiera nos comunicamos completamente y usted no quiere decir nada.

—Sí, niña, pero el problema es que todos queremos mayor cantidad de recursos que los demás. Es nuestro instinto.

Me callé un rato, porque no sabía cómo responder, pero uno de los otros gliesianos respondió.

—Doctora, ustedes son los primeros extraterrestres con los que nos encontramos también. Y ya vemos que tienen algo que aprender: siempre están a la defensiva, como si todo el mundo estuviera en su contra. Nuestra especie también era así, pero aprendimos que la guerra y las confrontaciones no sirven, por lo que siempre intentamos ayudarnos. Queremos enseñarles eso.

—Asimismo —ratificó el líder gliesiano—. Tienen mucho que aprender, ya que ustedes no vinieron aquí por las razones correctas, vinieron por pura competencia. Queremos que sepan que hay algo más grande detrás de eso, el mismo universo. Como especie tienen que ser curiosos y siempre ir explorando lugares para avanzar como especie, no para ganarse uno a los otros.

»Por esto mismo —siguió—, si es que verdaderamente llegan a confiar en nosotros, les podremos llevar a un viaje por la galaxia para enseñarles las cosas más importantes sobre el lugar en el que vivimos y mostrarles cómo el punto de vista científico les puede ayudar como sociedad. Además, si hubiéramos querido matarles, lo podríamos haber hecho hace minutos sin ninguna complicación.

Los miembros de la tripulación parecían un poco más confiados, pero no del todo. Yo, sin embargo, estaba emocionada. Quería ese viaje.

—George, ¿vamos a aceptar? —pregunté a mi hermano. Él no estaba muy seguro, así que miró al comandante Wright, quien respondió:

—No estoy seguro. —Luego se dirigió a los gliesianos y les preguntó—: ¿Qué ganaremos o aprenderemos del viaje?

—Las leyes físicas que rodean nuestro universo, señor. Y el lugar y la misión de todo ser vivo lo suficientemente inteligente como para tener conciencia propia.

Tras más charlas y preguntas de parte de los extraterrestres, los miembros de la tripulación parecieron más confiados. Más tarde me di cuenta, es decir, años después, que los gliesianos nos estaban poniendo a prueba, porque querían saber cómo reaccionaríamos. Querían saber cómo pensaban los primeros extraterrestres que habían visto.

Finalmente, el comandante Wright dijo:

—Aceptamos el viaje.

Capítulo 7
El verdadero viaje comienza

Pasaron dos días desde ese episodio y todos se estaban preparando para el gran viaje que tendríamos. En pocas horas nos iríamos hacia el planeta de los extraterrestres en una de sus grandes naves. Algunos gliesianos nos acompañarán, entre ellos, el líder (más tarde descubrimos que era el gobernador), el jefe militar, el jefe científico y unos cuantos soldados, científicos y profesores.

Estaba estallando de emoción. Me preguntaba cómo sería el método de enseñanza de los extraterrestres y si sería parecido al nuestro. ¿Nos enviarían tareas y libros de textos para leer? ¿Tendríamos una sala de clase o en serio viajaríamos por toda la galaxia?

En ese momento acompañaba a todos los de la tripulación, que estaban preparando sus cosas, pues saldríamos en menos de tres horas. Yo ya tenía todas mis pertenencias listas, solo había traído una mochila. Me estaba empezando a aburrir, así que salí a pasear un poco.

Bajé. Estábamos allí, ya que teníamos que sacar todas nuestras cosas, y me dirigí hacia las carpas de los gliesianos. Sabía que la mayoría de ellos se quedarían aquí para seguir colonizando el planeta, pero los líderes nos habían dicho que cuando termináramos las lecciones todos se irían para buscar otro planeta. Pregunté cuál, y me dijeron que más tarde lo sabría.

Todos los gliesianos eran muy bondadosos y solidarios. Me impresionó mucho su deseo por ayudarnos. Después de pensar sabía que si un extraterrestre inferior a nosotros venía a un planeta que quisiéramos colonizar, no les dejaríamos quedárselo.

Llegué al centro y saludé al guardia. Era muy chistosa la forma de saludo de los gliesianos, solo tenías que hacer lo que consideramos un paso de baile y el otro lo imitaba.

Fui hacia el centro de reuniones y me escabullí. Me di cuenta de que estaban en una reunión y no quería interrumpir. Sin embargo, me descubrieron en minutos. Uno de ellos me dijo:

—¡Ven niña!, justo estábamos hablando sobre el viaje.

Caminé y me senté. Ya no me daban miedo, así que pregunté:

—¿Sobre qué detalles del viaje hablaban?

El jefe científico me respondió:

—¡Solo planificábamos las rutas del viaje! El resto ya lo tenemos todo listo. Alimentos, agua, ropa, trajes espaciales... todo.

—¡Increíble! ¿Qué empezaremos a aprender?

Uno de los profesores respondió:

—Comenzaremos enseñándoles cómo el universo nació y lo básico sobre mecánica cuántica. Luego les mostraremos nuestros mecanismos para obtener energía, les enseñaremos sobre relatividad especial y general. Por último, hablaremos sobre teoría de cuerdas y nuestro lugar en el universo.

—¡Wow, qué interesante!

...

Estábamos todos en la nave de los gliesianos, listos para comenzar el viaje. Su planeta natal estaba a 23.6 años luz de distancia de la Tierra. Claro, era un poco menos aquí, en Próxima Centauri b, pero de todos modos estaba bastante lejos. Ahora, los extraterrestres también usaban los agujeros de gusano para ir de un lugar a otro, por lo que el viaje solo tardaría días (para llegar hasta los agujeros).

El motor se encendió y la nave estaba a punto de despegar. 3..., 2..., 1...

Salimos.

La velocidad de la nave era sorprendente. Claro, era de una civilización mucho más avanzada, pero igualmente me sorprendía mucho.

El agujero de gusano estaba cerca. La energía de la nave disminuyó para seguir en la órbita del planeta. Pero, después de un poco más de media hora, salimos de ella para dirigirnos hacia el agujero.

Llegamos a él y entramos.

—Como sabrán, al entrar dentro de un agujero negro se distorsiona el propio espacio-tiempo. Esto es algo que entenderán mejor cuando hablemos sobre relatividad especial y general —dijo el gobernante.

Ya habíamos pasado por un agujero de gusano, pero de todos modos me pasmaba la vista. Miraba el camino y al otro lado ya se encontraba el sistema de la estrella Gliese 667 C, donde se establecían mayormente los gliesianos.

...

Después de días, llegamos finalmente al planeta. Era una supertierra, casi cuatro veces más grande que el planeta de los *otros* humanos y se notaba desde el espacio que era rocoso.

El gobernador gliesiano nos dijo entonces:

—Bienvenidos, humanos, a Gliese 667 Cc, nuestro hogar.

Capítulo 8
Primera parada,
Gliese 667 Cc

La nave se dirigió hacia el planeta y aterrizamos después de poco. Estábamos dentro de una base militar. Bajamos y nos llevaron dentro del edificio, donde estaba la salida hacia la ciudad.

La localidad era simplemente hermosa. Había grandes edificios de toda clase de forma geométrica y vehículos voladores. Muchos gliesianos nos saludaban amablemente al pasar. No obstante, la mayoría se dio la vuelta al vernos pasar.

Hicimos muchas preguntas mientras caminábamos hacia el centro científico. Al respondernos, mencionaron que tenían simulaciones holográficas y se utilizaban mucho.

Cuando los gliesianos pararon, estábamos frente a un edificio esférico. Tenía ventanas triangulares que iban por toda la estructura. Estaba hecho de un material muy parecido al vidrio, porque era transparente. Se podían ver las múltiples salas y a más gliesianos trabajar.

Pasamos por la puerta, la cual tenía forma de elipse, y nos llevaron al último piso del edificio. Cuando llegamos, el jefe científico dijo:

—Bienvenidos al centro científico más importante de nuestro planeta. Ahora mismo estamos dentro de la sala de simulaciones, donde empezaremos a enseñarles sobre el comienzo del universo, de todo lo que existe y del Big Bang. Además, también empezaremos a hablar sobre *cosmología*, la rama de la física que se encarga de estudiar la evolución de nuestro universo.

—Exactamente —dijo otro gliesiano, uno de los profesores—. Ahora comenzamos con la primera lección y usaremos las simulaciones holográficas.

De repente, todas las luces de la sala se apagaron y las ventanas triangulares se cerraron. Nos quedamos a oscuras.

El jefe científico volvió a hablar.

—En su comienzo, el universo era tan pequeño que ni alcanzaba el tamaño de un átomo. Durante la primera fracción de segundo del universo, un poco antes del llamado Big Bang, el universo se expandió a un ritmo descomunal. En un espacio de tiempo tan pequeño, una región muchísimo menor que un protón pasó a tener un tamaño de varios centímetros. El universo naciente, según la teoría, estuvo impregnado de un campo que se hallaba en todas partes. Este campo se conoce como «inflatón» y, en los primeros instantes del universo, tenía cierta energía. Esta energía produjo que el campo se expandiera a un ritmo exponencial, es decir, extremadamente rápido. Así que, mientras el inflatón conservó su energía, el universo experimentó un estirón frenético.

—A esta teoría se le llama «inflación» —continuó el gliesiano—. Nos explica que antes del Big Bang, la gran explosión, el universo se expandió a una rapidez enorme, ya que el campo inflatón tuvo cierta energía. Pero después de ese estirón inicial, el inflatón dejó de tener esa energía y la inflación se detuvo. Es aquí donde comienza el Big Bang, donde el universo siguió expandiéndose, pero comenzó a hacerlo a un ritmo mucho más pausado. Ciertamente, decimos que es una expansión «pausada», ya que, en comparación a esa inflación inicial, lo es. No obstante, nuestro universo sigue haciéndose cada vez más grande a velocidades muy altas.

Mientras explicaba eso, por la sala se vio un gran estallido simulado, que describía visualmente el Big Bang, la gran explosión que dio comienzo al universo.

En la cosmología se dividen las etapas del universo en cinco, que son la era primordial, la estelífera, la degenerada, la era de los agujeros negros y la era oscura.

En la primera fase, desde el Big Bang, el universo experimentó una acelerada expansión, como un globo que se infla a gran velocidad, pero también un pronto enfriamiento. Esta era es una de las que guarda más misterios. Todavía no se sabe del todo bien la razón del comienzo del universo.

La segunda etapa comenzó cuando las estrellas se encendieron por primera vez, iluminando los cielos. Es en esta parte de la historia cuando el Sol, la Tierra, la Vía Láctea y todo lo que vemos y existe se creó. Hoy seguimos en esta época tan próspera, muchas estrellas se siguen creando, algunas mueren y otras alimentan a otros planetas. Sobre todo, hay todavía galaxias «cercanas» que no están realmente cerca, sino que se pueden ver a simple vista, nada está realmente cerca en el universo. Al final de esta época, de tanto que se ha expandido el universo, las estrellas se consumirán a sí mismas una por una, hasta que lo único que quede sea una eterna sombra de lo que antes fue el universo, como si estuviéramos solos. Es aquí cuando nos vamos a la siguiente fase.

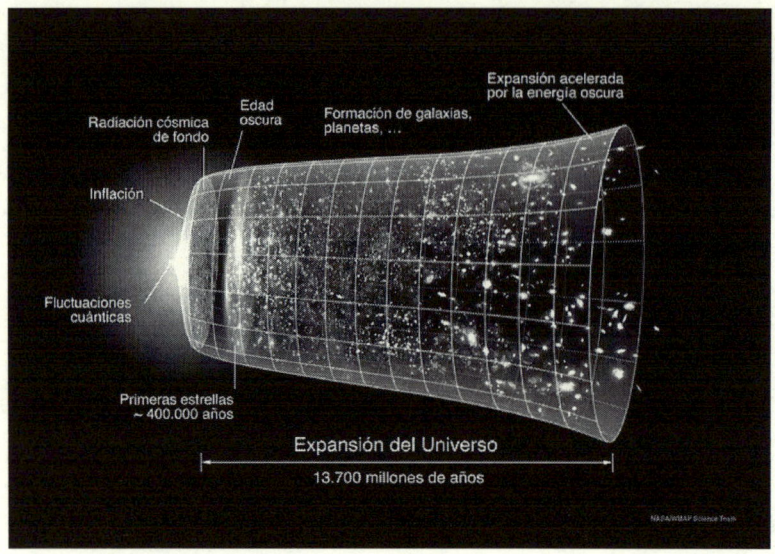

Figura 3. La evolución de nuestro universo. El diagrama solo
llega hasta el presente, la era estelífera. (https://es.wikipedia.
org/wiki/Origen_del_universo).

En la tercera etapa, la energía de absolutamente todas las estrellas del universo finalmente se agotará. El proceso de generación
de energía se detiene, dejando atrás trozos sin vida de materia
nuclear muerta en forma de estrellas enanas, estrellas de neutrones y agujeros negros. El cosmos parecerá estático, inamovible, y
apenas sin vida. Los únicos cuerpos que más adelante prevalece-
rán son los agujeros negros.

Dentro de la cuarta etapa, la única fuente de energía será
la lenta evaporación de energía de los agujeros negros. Como
veremos más adelante, los agujeros negros no son realmente
negros, en realidad irradian una leve cantidad de energía, la radiación que conocen como radiacion de Hawking, que hace que
muy lentamente se evaporen. Todos los agujeros negros irán des-
apareciendo hasta llegar a la última fase: la era oscura.

Esta es la última era, donde se entra en la zona oscura del universo, cuando finalmente se agotan todas las fuentes de calor y

energía. En esta etapa, el universo se desplaza lentamente hacia el último calor muerto, a medida que la temperatura se acerca al cero absoluto. En este punto, los propios átomos casi se detienen, dejando totalmente solo al espacio, sin nada que pueda curvar, expandiéndose eternamente. Para este momento puede que todos nosotros, las civilizaciones inteligentes, dejemos de existir y que el universo nos haya olvidado, como simples hormigas que una vez lo habitaron.

Las simulaciones seguían, mostrando gráficos y diagramas que acompañaban la explicación del gliesiano.

—El destino de nuestro universo parece triste y en definitiva lo es —continuó el científico, concluyendo la primera lección—, pero recordemos que nada es eterno y que todo tiene un fin. Esto pasará en varios millones de años, por lo que todavía no es algo preocupante para los seres vivos.

Capítulo 9
Mecánica cuántica

Al siguiente día, volvimos al centro de simulaciones. La lección de hoy sería sobre *mecánica cuántica*.

Llegamos y allí nos esperaban algunos gliesianos para empezar la clase. Nos saludamos y el jefe científico empezó a hablar.

—Hoy veremos la física del mundo de lo pequeño, la mecánica cuántica. Como verán, la física se divide en dos grandes pilares: la relatividad y la mecánica cuántica. La relatividad explica los fenómenos macroscópicos, como el movimiento de las estrellas, galaxias y planetas, y la mecánica cuántica habla sobre lo que pasa en el mundo cuántico, que no es como piensan que es.

Como seres vivos y como consecuencia de nuestra consciencia, nos preguntamos cómo funcionan las cosas y por qué son como son. Esto dio lugar a la filosofía y las ciencias naturales, y la física es la más fundamental de ellas, ya que a grandes rasgos busca explicar absolutamente todo, desde el movimiento de los astros a nuestra misma existencia.

Descubrimos así que nuestro mundo no es como pensamos y estamos acostumbrados a ver, sino que, cuando nos encontramos con su verdadera naturaleza, parece que no tiene sentido y que no podemos predecir lo que pasa. Simplemente, todo aparenta ser aleatorio, por lo que solo podemos hacer predicciones con probabilidades.

Es en este contexto donde entra el primero y uno de los principales principios de esta área: el ***principio de incertidumbre de Heisenberg***, que dicta que solo por el mero hecho de observar una partícula estamos cambiando propiedades de ella. Esto quiere decir que no podemos medir simultáneamente la posición y la velocidad de las partículas cuánticas. No tenemos oportunidad de saber todo lo que está pasando a estas escalas, ya que el fenómeno impide que sepamos exactamente dónde y cómo se mueve la partícula subatómica. Mientras más sepamos sobre una, menos sabremos sobre la otra, y viceversa.

Una analogía que podría servir para entender mejor este tema es el de tener la opción de elegir entre dos opciones, digamos un camino, y solo podamos elegir una de ellas, luego será imposible recorrer ambas al mismo tiempo.

—Qué interesante, pero ¿cómo comenzó esa teoría? —pregunté.

—La teoría comenzó cuando se descubrió que la energía no es constante, como siempre parecemos ver, sino que se transmite a pasitos, a pequeños saltos. Es como si fuera que pensamos que una persona sube por una rampa, pero en realidad sube por escaleras extremadamente pequeñas, avanzando a pasos tan discretos que no los notamos. Esto mismo pasa con las partículas.

Vemos objetos porque emiten luz. A pequeña escala, los átomos no dejan de vibrar dentro de los cuerpos y al hacerlo emiten radiación, es decir, luz. Los científicos pasaron mucho tiempo intentando descubrir qué era exactamente la luz. Llegaron a dos posibles hipótesis: es una onda o es una partícula.

Para no complicarnos con muchos detalles, el debate terminó en que la luz era las dos cosas al mismo tiempo y a esto se le llama dualidad onda-partícula. Debate tras debate, el asunto no tenía solución para los físicos de la época. No obstante, cuando se dio la explicación al efecto fotoeléctrico todo cambió.

El efecto fotoeléctrico consiste en que, cuando se incide luz sobre cierto tipo de metales, se genera una corriente eléctrica. Asimismo, la corriente, constituida de electrones, que son las partículas que «transmiten» la electricidad (ya veremos eso más tarde), solo se generaba si la luz tenía una frecuencia mayor a cierta frecuencia específica, dependiendo esto de cada metal. En caso contrario, el efecto no se produce por muy intensa que sea la luz. Esto no concordaba con la teoría de la luz como onda ya que la energía de una onda depende de su amplitud, (la «altura» de la onda) y no de su frecuencia o longitud de onda.

La solución que se dio fue que la luz está hecha de paquetes de energía, los mismos que estuvimos mencionando recientemente, llamados fotones. Para que un electrón en un metal se mueva, tiene que recibir una energía superior a cierta energía crítica, solo así se genera la corriente fotoeléctrica. Para buscar una analogía, una ráfaga de viento no derriba un árbol con poca fuerza, sino que tiene que tener una fuerza superior a cierta medida para poder echar abajo el árbol.

—¿Pero por qué la luz también es una onda, si según la teoría es una partícula? —preguntó Mendel.

—La luz es una onda y una partícula al mismo tiempo porque todas las partículas también son ondas y corpúsculos. Esto puede sonar muy raro y fuera del sentido común, pero es ciencia y eso es lo más fascinante.

Vean, hay un experimento del que les quiero hablar, llamado el experimento de la doble rendija.

De repente las simulaciones mostraron la disposición del experimento. Había una mesa con lo que parecía un «disparador» de lo que se suponía que eran partículas, una rendija y una pantalla.

—En el experimento se disparó un haz de electrones contra la pantalla, dejando en el medio la rendija con dos agujeros. Con la idea de que las partículas son corpúsculos y con nuestro sentido común, podremos pensar que los electrones expulsados dibujarán dos líneas verticales en la pantalla. Pero como la luz es también una onda, se formó un patrón con más rayas por toda la pantalla, técnicamente llamado patrón de interferencia.

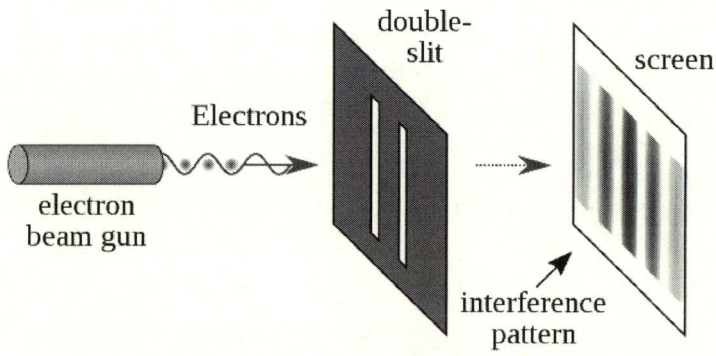

Figura 4. Disposición del experimento de la doble rendija. (https://es.wikipedia.org/wiki/Experimento_de_Young).

Si es que alguna vez han tirado algún objeto con cierto peso en el agua, verán que varias ondas salen y se van dispersando por medio del agua. Algo similar pasa con cada uno de los electrones y, de hecho, con todas las otras partículas, que se van dispersando en forma de ondas.

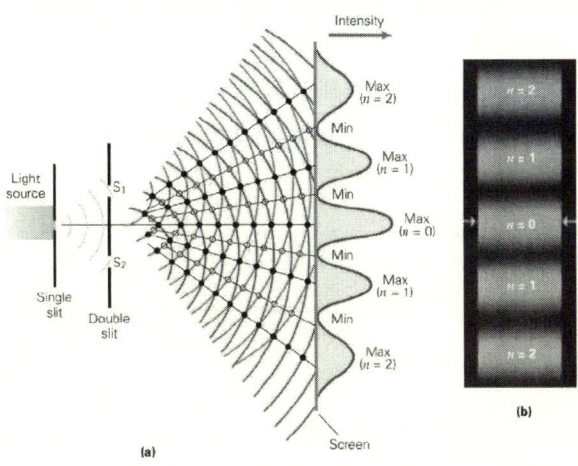

Figura 5. Patrón de interferencia. (https://pt.slideshare.net/
diarmseven/interferencia/8).

Esto puede ser un poco difícil de asimilar, aunque todavía queda una última cosa aún más inquietante. La onda asociada a cualquier partícula es una onda de *probabilidad*. Esto quiere decir que debemos pensar en las partículas como ondas que se van ondulando en el espacio. En lugares donde el valor de la onda es grande, hay mucha probabilidad de que la partícula se encuentre allí. En cambio, en lugares donde el valor de la onda es pequeño, las probabilidades de que la partícula se encuentre allí son muy bajas. Según esta va avanzando, sus valores van cambiando, aumentando en algunos lugares y disminuyendo en otros. En otras palabras, las partículas están en varios lugares a la vez, con diferentes probabilidades en cada cresta. Las partículas pueden estar *aquí* y *allá* a la vez. Al conjunto de todas las probabilidades de las ondas se lo llama función de onda.

Esto también nos lleva a lo que comúnmente se le llama tele-transporte. Cuando de repente hay más probabilidad de que la partícula esté en «x» lugar, pero estaba mayormente en «y», se va a ir directamente en «x», ya que su probabilidad aumentó en ese lugar preciso.

Con los objetos grandes también pasa la misma cosa, haciendo que los objetos a nivel macroscópico parezcan que están en un lugar a la vez. No obstante, sigue habiendo una probabilidad absurdamente pequeña de que estén también en otros lugares y se dé lo que se llama superposición cuántica.

—Todo esto es bastante difícil de asimilar, ya que se sale completamente de nuestro sentido común. Es increíble que la naturaleza se comporte de forma tan extraña y hasta puede parecer que esta teoría es una total pérdida de tiempo y que no tiene sentido alguno.

Capítulo 10
Las cuatro fuerzas

—La lección de hoy será bastante corta —me dijo un gliesiano con el que me encontré en el desayuno.

Estábamos en el comedor del centro de investigaciones. Era bastante temprano, aunque no sabíamos la hora exacta, ya que un día en Gliese 667 Cc no dura lo mismo que en Marte y mucho menos que en la Tierra, por si estás leyendo esto en ese planeta.

Mientras comíamos con la tripulación y los demás gliesianos, pensé que era muy oportuno que los extraterrestres también se alimentasen de esa manera: ingiriendo comida. Sería muy irónico si los humanos fuéramos los raros que necesitaban meter combustible dentro de esa manera.

Al terminar, nos fuimos todos de vuelta a la sala de simulaciones. Hoy aprenderemos sobre las 4 fuerzas que lo gobiernan todo.

—Exactamente —me respondió el jefe científico cuando le pregunté qué daríamos, para asegurar.

—Vivimos en un mundo en el cual siempre pasan muchas cosas y hay una gran cantidad de fenómenos. A simple vista puede parecer que sus causas son varias y que se las puede atribuir a distintos motivos. Sin embargo, todo lo que ocurre es la consecuencia de cuatro fuerzas fundamentales.

—¿Qué es una fuerza? —pregunté.

—La fuerza es un fenómeno que cambia el movimiento de un objeto o lo deforma. —respondió la Dra. Heisenberg—. Por ejemplo, cuando mueves un bolígrafo con tu brazo, ejerces una fuerza sobre él.

—Asimismo —dijo el gliesiano—. Prácticamente todo lo que ocurre lo podemos atribuir a estas cuatro fuerzas, que son la gravedad, el electromagnetismo, la fuerza nuclear débil y la fuerza nuclear fuerte.

La gravedad es la más fácil de entender, ya que estamos muy familiarizados con ella. Es la responsable de que nuestros cuerpos sigan en la Tierra y no volando por cualquier lado. Además, fue la que juntó piezas de materia para formar todos los cuerpos del universo. Justo ahora lo estamos sintiendo, la fuerza nos empuja hacia el planeta.

—El electromagnetismo es la fuerza que más sabemos manipular los humanos. Gracias a ella poseemos computadoras, televisores, láseres, imanes y muchas cosas más. Tiene propiedades, como que puede ser repulsiva.

Luego tenemos las dos fuerzas nucleares: la fuerza nuclear fuerte y la fuerza nuclear débil. La fuerza fuerte hace que los átomos no se desintegren, manteniéndolos unidos. Esta fuerza vence a la electromagnética cuando une a las partículas con la misma carga (cuando dos imanes tienen el mismo signo, se repelen. Y cuando son diferentes, se atraen). Gracias a ella, más de un protón puede encontrarse dentro de un átomo.

Y, finalmente, la fuerza débil es la fuerza que explica y es responsable de las desintegraciones radiactivas. Calienta el centro de la mayoría de los planetas y de las estrellas, que son radiactivas.

Se cree que estas fuerzas son realmente interacciones de partículas. Es decir, estas partículas se van intercambiando y así producen fuerzas. Imaginen, por ejemplo, dos naves espaciales pequeñas con una persona en cada una. Estas se tiran un traje espacial y, en consecuencia, las naves se van alejando por la fuerza de los tiros.

Por cada fuerza hay diferentes interacciones y diferentes teorías y son: para el electromagnetismo, la electrodinámica cuántica; para la fuerza fuerte, la cromodinámica cuántica y, para la fuerza débil, la teoría electrodébil. Como pueden notar, la gravedad falta en este modelo, pero hay un gran problema en medio: no se sabe describir la gravedad como un tipo de interacción de partículas y ni se sabe si siquiera tiene alguna.

La teoría de la relatividad general de Einstein es la que describe el comportamiento de la gravedad y de la mayoría de las cosas a escalas macroscópicas, pero la mecánica cuántica es una teoría que describe lo que no vemos, las cosas a nivel microscópico. Las dos teorías no se llevan nada bien, ya que, cuando las mezclamos, obtenemos infinitos, o sea, resultados sin sentido.

Por lo tanto, los dos grandes pilares de la física están separados, una describiendo la gravedad con la relatividad general, y otra describiendo el electromagnetismo, la fuerza nuclear fuerte y la fuerza nuclear débil con el Modelo Estándar de física de partículas. Mañana veremos brevemente el Modelo Estándar de física de partículas y los días siguientes visitaremos otras estrellas para tener un mayor conocimiento de la relatividad.

Capítulo 11
¿De qué está
hecho todo?

—La ***física de partículas*** es una parte de la física cuántica que describe los componentes más fundamentales de la materia y las interacciones por medio de las cuales interactúan sus constituyentes elementales. Todo esto se puede describir con el ***Modelo Estándar*** —comenzó el gliesiano con la lección.

»Como se darán cuenta después, esta teoría es un intento de unificar varios fenómenos que a simple vista no parecen tener mucho parecido, como las fuerzas. Esto de englobar todo en algo más sencillo es algo muy buscado por todos los físicos, ya que solo se tiene que acudir a una sola teoría al realizar cálculos o predicciones.

Como dijimos anteriormente, las fuerzas que a día de hoy pueden ser descritas como interacciones son el electromagnetismo, la fuerza nuclear fuerte y la fuerza nuclear débil. Este es el primer componente del modelo. Cuánticamente tenemos una idea muy clara de qué es lo que las causa y cómo se van comportando.

El otro elemento es el conjunto de todas las partículas fundamentales. Imaginen a las partículas como los títeres de las fuerzas, que son controladas por estas y van accionando dependiendo de ellas.

Todas las partículas se dividen en dos grupos: los bosones y los fermiones. Estos se diferencian entre sí por su espín, que en pocas palabras es una propiedad que mide el «giro» de las partículas. Los bosones tienen espín entero (1, 2, 3, etc.) y los fermiones no (½, ¾, 2/5, etc.).

Los bosones son las partículas que transportan todas las fuerzas, siendo las causantes de ellas. Estas se intercambian, generando interacciones, y hay un tipo por cada fuerza. El bosón del electromagnetismo es el fotón (la partícula que transporta la luz), el de la fuerza fuerte es el gluón (que viene a ser el «pegamento» que hace que los protones y neutrones se mantengan juntos en el núcleo del átomo) y el de la fuerza nuclear débil tiene dos bosones, que son el bosón W y el bosón Z.

Si se descubre que la gravedad puede ser descrita también como una interacción, se agregará al modelo un bosón que todavía no sabemos si existe, el gravitón. Uno de los objetivos más grandes para todos los físicos es probar su existencia, eso realmente cambiaría la física tal como la conocemos.

Dejando de lado a los bosones, está la otra familia de partículas: los fermiones. Estas son las partículas de las que la materia está compuesta. Todos nosotros somos, a un nivel muy fundamental, unos grupos gigantes de fermiones. Dentro de estas, hay dos clases: los leptones y los quarks. Dentro de los leptones tenemos a los electrones, las partículas que andan alrededor del átomo, y los neutrinos, que se crean en los procesos radiactivos. Estos pueden sentir la fuerza electromagnética y débil, pero no la fuerte, ya que esta fuerza *no* las junta. Después tenemos a los quarks, que sí sienten la fuerza fuerte. Estas partículas fundamentales se juntan para formar protones (dos quarks up y un down), neutrones (dos quarks down y un up), átomos, moléculas, etc.

Los fermiones tienen 3 «generaciones». La primera está formada por un electrón, un neutrino electrónico (leptones), un quark up y un quark down. En el modelo estándar, esta familia es idénticamente copiada tres veces, pero con masa creciente en las siguientes generaciones, teniendo en la segunda el muón y el neutrino muónico y los quarks charm y strange, y en la tercera, el tau, el neutrino tauónico y los quarks top y bottom.

Esto puede parecer difícil de memorizar, ya que son varias partículas. No obstante, también existe la antimateria, que es la materia con las mismas propiedades, pero con carga contraria (por ejemplo: un antiprotón sería negativo, ya que los protones tienen carga positiva). Por lo tanto, todos estos fermiones son copiados idénticamente, pero con carga contraria.

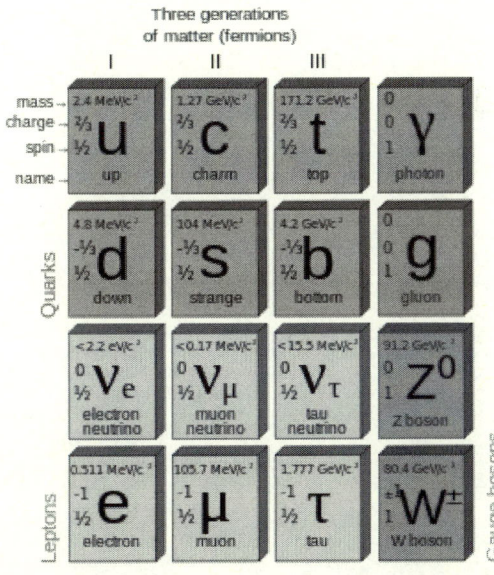

Figura 6. Partículas del Modelo Estándar (https://www.azoquantum.com/Article.aspx?ArticleID=14).

Hasta aquí llegaron nuestras lecciones en física cuántica —terminó el jefe científico—. Dentro de pocos días despegaremos hacia un nuevo destino, donde les enseñaremos energía y relatividad.

Capítulo 12
Sacando energía de cuerpos astronómicos... Bienvenidos a la estrella de Barnard

3..., 2..., 1... Despegue

Pasaron dos días desde la lección anterior y nos dirigíamos hacia el sistema de la estrella de Barnard, donde los gliesianos tenían una base.

Pasamos de vuelta por un agujero de gusano. No tengo el conocimiento suficiente acerca de cómo se las arreglaban para conseguir agujeros de gusano cuando quisieran. No sé cómo se nos pasó preguntar ese pequeño gran detalle.

Seguía siendo impresionante viajar a través de uno de ellos, pero ya estábamos un poco más acostumbrados, así que no nos asombramos tanto. No obstante, cuando vimos la estrella todos los de la tripulación abrimos la boca en una «O» perfecta.

—¿¡Eso es una esfera de Dyson?! —preguntó la Dra. Heisenberg, aparentemente muy sorprendida.

—Exactamente —respondió un gliesiano—. Lo usamos para recolectar *toda* la energía que sale de la estrella.

La estructura no se veía como una esfera que rodeaba al cuerpo en sí, sino que era un enorme conjunto de paneles orbitales que iban recolectando la energía para enviarla a los gliesianos.

—Esto les da prácticamente energía ilimitada —me susurró mi hermano—. Al parecer son más avanzados de lo que pensamos.

—¿Por qué? —pregunté.

—Porque el nivel de cada civilización se caracteriza por la cantidad de energía que puede conseguir. Por ejemplo, cuando todos los humanos vivíamos en la Tierra y todavía éramos nómadas, nuestra fuente principal de energía eran nuestros propios músculos que, por decirlo de alguna manera, no son los mejores del reino animal. Luego descubrimos cómo controlar el fuego. Eso fue una total revolución, ya que nos brindaba calor, nos ayudaba a cocinar nuestra comida y, sobre todo, nos permitía asustar a otros animales salvajes. En esencia, nos permitió habitar un lugar por pequeños momentos de tiempo. Ya no era necesario estar nomadeando por el mundo. Era posible estar algunos meses en un lugar definido, creando nuestro primer hogar.

—Luego pasamos a industrializar nuestro mundo, usando carbón y petróleo, y aprendimos a manejar la fisión y fusión nucleares (creo que los gliesianos las usaron o siguen usando). El siguiente paso fue que logramos controlar casi todos los recursos de nuestro planeta y por eso nos llegamos a expandir a Marte (por lo menos, eso es lo que cuentan los libros de historia). Si ves, mientras más energía tenemos a nuestra disposición, más avanzamos como especie. Pero claro, nuestro planeta no tiene energía infinita. La tierra tampoco, sin embargo, este sistema es claramente diferente. Ahora, si como civilización tienes energía ilimitada, eres casi invencible e inmortal. La cantidad de energía que posees puede cambiar totalmente el panorama de tu sociedad.

—Increíble, ¿nada puede destruirla?

—Exacto. Impresionante.

—Así mismo es como dice el señor Planck —dijo el jefe científico—. La esfera de Dyson nos ayuda a usar absolutamente toda la potencia de este sol. Las civilizaciones inteligentes pueden ser clasificadas en tres tipos: las de tipo I, que pueden usar todos los recursos de su planeta, controlarlos y aprovecharlos, pudiendo manipular el clima o hasta construir ciudades en los océanos. Ustedes serían casi de tipo I, pues les falta poco para alcanzar ese nivel. Las de tipo II son las que pueden utilizar toda la potencia de su sol y tienen energía ilimitada. Nosotros seríamos una civilización de tipo II. Por último, las de tipo III son las que pueden usar la potencia de toda una galaxia y son 10.000 millones de veces más poderosas que las de tipo II.

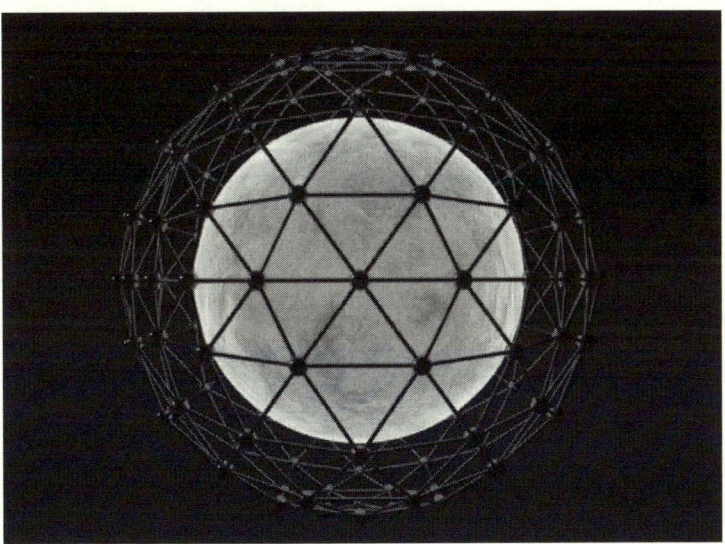

Figura 7. Esfera de Dyson. Los pequeños puntos son los
paneles que recolectan la energía del sistema.
(https://stock.adobe.com/br/
search?k=%22dyson+sphere%22&asset_id=403291752.)

—¡Qué alucinante! —dijo la Dra. Heisenberg—. ¿Y no usan la fisión y fusión nucleares?

—Antes de responder la pregunta —intervine—, ¿alguien me puede explicar qué son la fisión y fusión nucleares?

—Claro —dijo el jefe científico—. En la fisión nuclear, se divide un núcleo atómico muy pesado en dos o más pedazos de igual tamaño, liberando gran cantidad de energía. Se golpea el núcleo de un átomo muy pesado con un neutrón, entonces este se rompe y se producen núcleos más livianos y, al mismo tiempo, dos o más neutrones libres, que golpean otros núcleos y repiten el proceso, generando una reacción en cadena, en la que cada vez más núcleos se fisionan. El resultado de esta reacción en cadena, si está bien controlada en un reactor nuclear, crea mucha energía eléctrica de gran eficiencia.

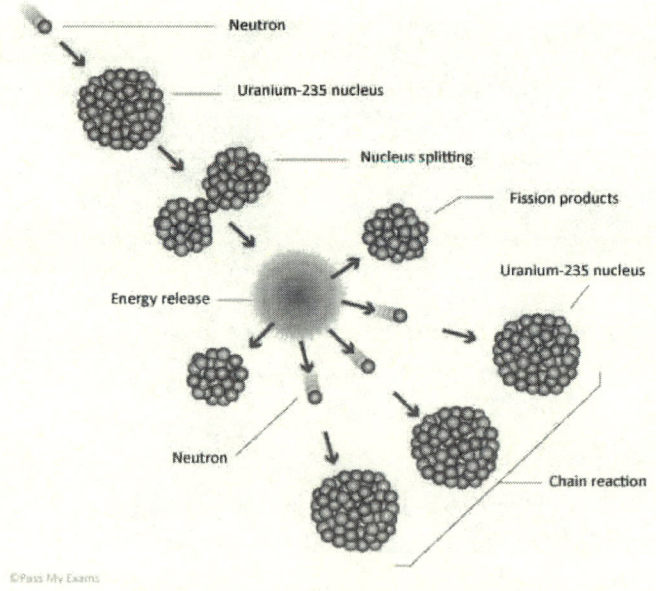

Figura 8. Reacción en cadena. (https://www.
nuclear-power.com/nuclear-power/reactor-physics/
nuclear-fission-chain-reaction/)

En cambio, la fusión nuclear se da cuando se toman dos átomos livianos, como el hidrógeno, que solo tiene un protón y un electrón, y se unen, produciendo uno más pesado. Este proceso libera una gran cantidad de energía, mucho mayor que la fisión nuclear.

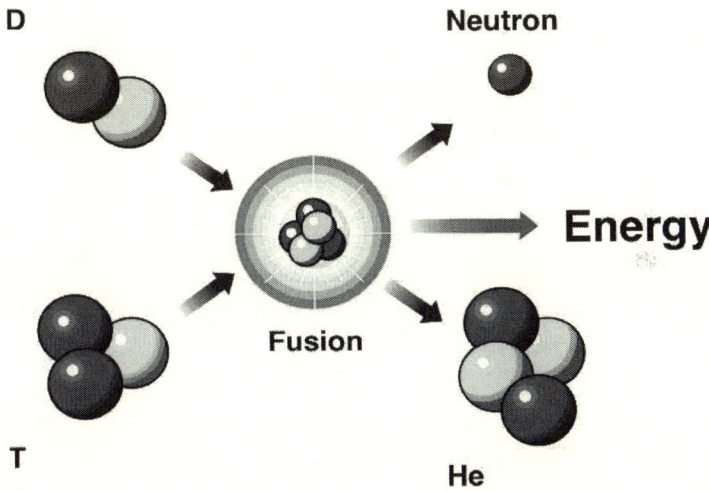

Figura 9. Proceso de fusión nuclear.
(https://www.energy.gov/science/
doe-explainsnuclear-fusion-reactions).

Sin embargo, la esfera de Dyson libera más de mil veces más energía que la fusión, por lo que, respondiendo a la pregunta de la doctora, no lo usamos más, ya que tenemos como fuente principal a la esfera. Por esto mismo quisimos llevarles a este lugar, para mostrarles nuestras estructuras. Fue un viaje corto, pero ahora iremos a un lugar más impresionante: el agujero negro del centro de nuestra galaxia.

Capítulo 13
Espera..., ¿cuánto tiempo durará este paseo?

Era una cosa impresionante. Su atracción gravitatoria era tan fuerte que absolutamente nada, incluida la luz, podía salir de él. Absorbe todo lo que se encuentra en su camino y hasta distorsiona el propio espacio-tiempo. Su negro era impresionante. No obstante, alrededor había discos de luz. Nos fuimos acercando cada vez más hasta el agujero negro y me maravillaba semejante cuerpo.

—Como verán —empezó el jefe científico—, algunos de nuestros robots están trabajando en poner algunas estructuras alrededor del agujero negro. Nuestro objetivo es seguir creciendo como civilización y queremos pasar a ser una civilización de tipo III. Por eso mismo estamos construyendo una instalación para explotar la energía del agujero negro del centro de la galaxia y así poder colonizar miles de millones de sistemas estelares.

—¡Wooow! —exclamamos todos los de la tripulación—. ¡Qué impresionante!

—Les queríamos mostrar esto para que vean que siempre, por más avanzado que seas, debes evolucionar y sacar lo mejor. Como civilización pensamos que esa es nuestra misión principal. Pero no vinimos aquí para mostrarles las instalaciones, ya que todavía falta bastante para que estén terminadas, sino que estamos aquí para hablar sobre relatividad.

—¡Al fin voy a poder saber qué es eso! —exclamé.

—La relatividad especial se basa en tres simples declaraciones, pero que tienen un gran efecto en el entendimiento de nuestro mundo —empezó el gliesiano—. La primera es que no existe tal cosa como un espacio absoluto. En otras palabras, la longitud, anchura y altura de un objeto *no es igual* para todos. Las cosas no tienen la misma forma siempre, no es objetivo, sino que depende de la velocidad de cada uno. La segunda es que no existe el tiempo absoluto. El tiempo pasa distinto para cada uno, o más rápido o más lento, dependiendo de su velocidad. Los segundos, minutos y horas no miden lo mismo para todos. Y finalmente, la tercera es que la velocidad de la luz es absolutamente igual en todas las ocasiones, sin excepciones. El espacio y el tiempo mismos hacen que esto sea posible. Esto implica que el espacio y el tiempo sean inseparables; son la misma cosa, a esta unión se le llama espacio-tiempo. Mientras más rápido nos movemos en el espacio, más lento nos movemos en el tiempo, y viceversa.

»Les puede parecer que estas reglas carecen de sentido, pero trabajemos en un experimento mental para entender todo esto.

»Dos personas están en una nave que se mueve a una velocidad constante de 500 kilómetros por hora y deciden tirarse una pelota, que tiene una velocidad de 15 kilómetros por hora.

»Hay otra persona en otra nave en reposo (o sea, que no se mueve) y esta medirá que la velocidad total de la pelota será de 515 kilómetros por hora, ya que se suman las dos velocidades (500+15= 515).

»A esta también le dieron ganas de jugar a la pelota y con un amigo se tiran el mismo tipo de pelota, que va a la misma velocidad (15 kilómetros por hora). Para todas las personas (las de la primera nave y las de la segunda), las pelotas tienen la misma velocidad. Esto se debe a que las personas de la primera nave, la que va a 500 kilómetros por hora, se están moviendo a una velocidad constante (la de la primera nave), por lo que no sienten y no toman en cuenta la velocidad extra (la de la nave).

»Hasta aquí no pasa nada. Sin embargo, supongamos que una de las personas de la primera nave agarra un láser y lo enciende la otra. Ellas van a medir su velocidad como la velocidad de la luz (aproximadamente 300.000 kilómetros por segundo). La persona que está fuera de la nave también intenta calcular su velocidad, así que suma la velocidad de la luz con la del avión. No obstante, cuando mide la velocidad para comprobar sus cálculos, ve que su resultado estaba mal, la velocidad de la luz era exactamente la misma para las personas de la primera nave y para ella. Dicho de otra manera, la velocidad de la luz es constante.

—Pero, ¿por qué la velocidad de la luz no está cambiando si hay movimiento? — pregunté.

—Se debe a que el espacio y el tiempo hacen que esto sea posible —me respondió el gliesiano—. Si la velocidad de la luz no cambia, es decir, es independiente de la velocidad con la que se mueve su fuente, los que se modifican son el espacio y el tiempo mismos. A esto se le llama ***contracción de Lorentz***. Es cuando se contrae la longitud de los objetos en la dirección del movimiento a medida que su velocidad se acerca a la de la luz. En el ejemplo, las personas de la primera nave estarán levemente contraídas (se verán un poco más flacos y altos) desde la perspectiva de la persona que está afuera, de ese modo va a poder medir la velocidad de la luz como la misma que nosotros. Del mismo modo, desde nuestra perspectiva, la persona que está afuera parecerá un poco contraída.

—Para tener una idea en la cabeza de cómo pasa esto, piensen en el espacio y el tiempo como un bloque que puede ser moldeado. Podemos estirar y aplastar el espacio-tiempo de manera muy parecida a la que un niño lo haría con una plastilina. Al hacerlo, vamos cambiando el espacio y el tiempo, manteniendo la velocidad de la luz como constante. Y algo más ocurre cuando llevamos a cabo esta acción: el tiempo sufre un cambio, pasando más lentamente. A medida que nos movemos a mayor velocidad, acercándonos a la de la luz, nuestro tiempo pasa más lentamente. A esto se le llama dilatación temporal.

—Esto podría permitir viajes en el tiempo, ¿verdad? —preguntó Víctor Mendel.

—Exactamente, si tu tiempo pasa muy lentamente comparado con el de otras personas, podrás viajar años en el futuro sin siquiera envejecer. Realmente, siempre nos pasa esto a todos, nuestros tiempos cambian levemente, pero no nos damos cuenta porque las velocidades de nuestros transportes son demasiado lentas comparadas con la velocidad de la luz. Otra forma muy útil de viajar al futuro podría ser usando agujeros de gusano, pero ese ya es otro tema.

—Entonces, nosotros tenemos el mismo tiempo que las personas en Próxima Centauri b? —pregunté.

—No, porque hay otro factor que dilata el tiempo: la gravedad. En total, este viaje durará más de ochenta años para los gliesianos de Próxima Centauri b y los humanos de la Tierra y Marte.

—¿¡QUÉ!? ¿¡Estamos viajando en el tiempo!? ¿Cómo?

Capítulo 14
En pocas palabras, el espacio es una goma elástica gigante

—Esto es debido a la *relatividad general*. Voy a explicarlo todo en forma de analogías para que lo entiendan mejor. Imaginemos una goma estirada (como una membrana) y pongamos dos bolas de metal: una chica y otra muy grande. La más grande va a tomar el lugar del Sol y la de menor tamaño el de un planeta que lo va a estar orbitando. Cuando ponemos las dos en nuestra superficie, vemos que la más pequeña gira alrededor de la más grande, como si fuera que está cayendo, pero se mantiene por un tiempo, y también las dos pelotas dan como una curvatura, que en la vida real sería una curvatura espaciotemporal. Mientras más grande sea y más masa tenga el objeto, más curvatura tiene, como podemos ver en el ejemplo. Más o menos, según la relatividad general, el espacio-tiempo se comporta de esta manera.

—Esto mismo te expliqué en la reunión de organización —me dijo Víctor Mendel.

—Ahhh, ya me acuerdo —respondí.

—Todo esto está implicando que la geometría del espacio-tiempo está siendo afectada por la presencia de materia y se crean las curvaturas, que se llaman campos gravitatorios —siguió el jefe científico—. Mientras más curvatura haya, mayor dilatación del tiempo habrá. Entonces vemos aquí que la gravedad realmente no es una fuerza, sino que es una consecuencia de la forma que tiene el espacio en sí.

—Hay una frase que resume todo esto de un científico llamado John Weeler — añadió la Dra. Heisenberg—.Y dice: «La materia le dice al espacio cómo curvarse; el espacio le dice a la materia cómo moverse».

—Así mismo —dijo el comandante—. Cuando hay materia, es decir, algo que tenga masa, el espacio se curva y, cuando ello ocurre, otra materia más pequeña cae hacia la más grande. Como el espacio-tiempo está unido, el tiempo también sufre cambios y pasa más lentamente dentro de la curvatura.

—¡Ohhh!, ¿y esto nos está pasando ahora mismo?

—Sí —dijo otro gliesiano—. En nuestra situación, estamos en un caso casi extremo, porque los agujeros negros tienen *demasiada* masa y por eso todo lo que va hacia ella cae en su dirección. En su interior hay tanta concentración de masa que la región se vuelve tan densa que crea un campo gravitatorio. Esto crea una singularidad (el punto central del agujero negro, en donde toda la masa está concentrada y es infinitamente denso).

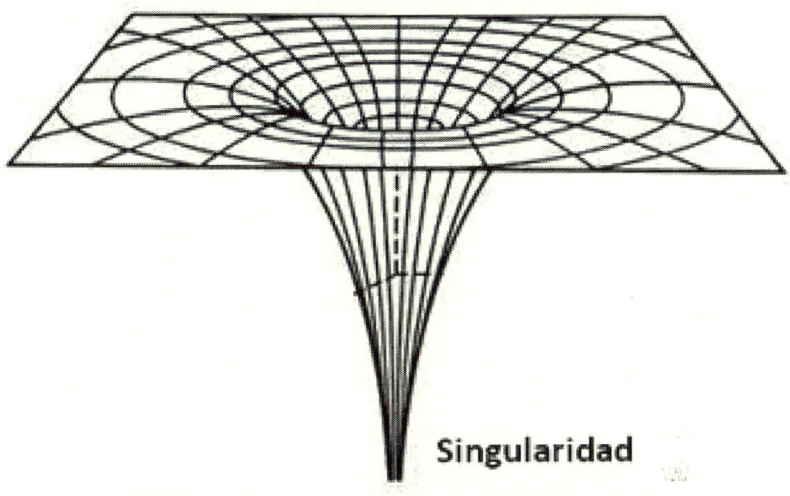

Agujero negro

Singularidad

Figura 10. Agujero negro (http://rsefalicante.umh.es/
TemasRelatGeneral/relatividad-general12.htm).

—Si permanecemos aquí por mucho tiempo no envejeceremos casi nada y cuando volvamos podrán haber pasado siglos en nuestro planeta.

—Esto es... realmente impresionante —dije—. Este es el viaje más largo que jamás haré. ¡Y papá y mamá ya serán superviejos cuando volvamos!

—Sí —dijo mi hermano—. Por eso no era tan conveniente que vinieras con nosotros, por la dilatación que habría.

Simplemente, mi visión del espacio cambió totalmente.

Capítulo 15
De vuelta a
Gliese 667 Cc

Para los gliesianos que habitaban en Gliese 667 Cc pasaron más de veinte años, para nosotros tan solo cuatro o cinco horas, pero estábamos de vuelta. La dilatación temporal sí que tenía sus efectos, ya que estuvimos relativamente cerca del agujero negro del centro de nuestra galaxia, la Vía Láctea.

—Volvimos —dijo el presidente gliesiano.

—¿De qué hablaremos ahora? —preguntó la Dra. Jenner.

—Sobre la *selección natural* y la vida —nos respondieron.

—¿Por qué tocaremos estos temas ahora, después de haber visto tanta física?

—Justamente por eso, señora, ya vimos suficiente física. Queremos darles una perspectiva más abierta. Es que ni siquiera lo sabemos todo sobre el universo, sino que seguimos buscando una teoría del todo, una misión que ya les mostraremos dentro de poco. Todos nosotros aquí somos vida. Simplemente es... algo impresionante que dos especies de lugares totalmente distintos se encuentren y estén sosteniendo semejante charla.

—No todos los planetas en el espacio son habitables, sino que solo una fracción de ellos puede albergar vida.

—¿Cómo sabemos si un planeta puede ser habitable o no? —preguntó el comandante Wright.

—Un planeta habitable debe tener atmósfera, agua líquida, el tamaño adecuado para retener dicha atmósfera y mantener actividad tectónica por periodos de tiempo geológicamente largos. Pero, con todo esto, es *muy* raro que la vida que habite en él sea inteligente. Para que una especie tenga cierto nivel de conciencia se lleva a cabo un proceso larguísimo de evolución.

—¿No será eso la selección natural? —preguntó mi hermano.

—Exactamente, señor Planck, la selección natural. Esta es la base de todo cambio evolutivo, ya que los organismos mejor adaptados para vivir en cierta zona son los que sobreviven. Estos desplazan a los menos adaptados por ciertos cambios genéticos (mutaciones) que se dan y así los seres vivos de este lugar determinado van cambiando y están mejor adaptados.

—Y, en todo caso, cuando esos seres vivos llegan a ser más conscientes y empiezan a hacer preguntas existenciales, como «¿cuál es nuestra misión» o «¿por qué estamos aquí?», ¿saben ustedes cuál es realmente la respuesta? — cuestionó Mendel.

—Buenísima pregunta, señor, y precisamente queríamos tocar ese tema con ustedes. Como humanos, ¿cuál piensan que es su misión en el universo? ¿Cuál es su lugar aquí?

—¡Uff!, creo que primero tenemos que responder a la primera pregunta, ya que sí lo sabemos —dijo de vuelta Mendel—. En el universo, tal como dice la ciencia, somos totalmente insignificantes. Somos más pequeños que una partícula de polvo para Marte. El universo es simplemente enorme.

—Sí, y para ponerlo en perspectiva —agregó la Dra. Heisenberg—, uno de los errores más grandes en el pensamiento de las primeras civilizaciones humanas fue el pensamiento de que la Tierra era el centro del universo y que todos los astros giraban alrededor de ella, ya que antes no ocupábamos Marte. Hoy en día sabemos que este razonamiento no puede estar más errado. La Tierra es solo una hormiga para el universo, que es inmensamente grande, más de lo que suponíamos antes. Los primeros astrónomos de la Tierra pensaban que el universo consistía en solo una galaxia, la Vía Láctea, que no había ni existía nada más fuera de ella. Después aprendimos que sí que existen más galaxias, una miríada de ellas, cada una con varios otros planetas, estrellas y posiblemente otros seres vivos. El universo consiste en esto prácticamente, así que el pensamiento de que éramos el centro de todo es muy egocéntrico, a decir verdad.

—Tal como dice la Dra. Heisenberg, nosotros también aprendimos como especie que no somos especiales, sino lo contrario —dijo el jefe científico gliesiano.

—Entonces, eso quiere decir que todas nuestras actividades, como las guerras, festivales, avances, etc., son insignificantes para el universo —dijo la Dra. Jenner.

—Exacto. Si se ponen a pensar sobre esto es probable que les lleguen las preguntas: «¿Entonces qué hacemos aquí? ¿Por qué existimos? ¿Cuál es nuestra misión como especie?». ¿Ya saben qué responder?

—¡Humm!, considerando que somos insignificantes..., ¿no sería intentar tener un poco más de protagonismo a nivel cósmico como especie?

—Van por la mano... La respuesta que los gliesianos sentimos como la más correcta es que nuestro propósito es el de avanzar. Cuando se mira la cuestión a lo largo de la historia de nuestra especie, vemos que empezamos a hacer esto desde nuestro comienzo. Fuimos creando materiales, computadoras, robots, inteligencia artificial, etc. Todo para hacer nuestras vidas más fáciles, pero al mismo tiempo vamos avanzando cada vez más, ya que nos fuimos convirtiendo cada vez más sabios y conscientes de nuestro lugar aquí y eso es lo que importa.

Capítulo 16
Teoría de cuerdas

Ayer solo tuvimos esa charla y luego nos dieron todo el día libre para descansar. Hoy, sin embargo, íbamos a tocar otro tema nuevo. Nuestras lecciones con los gliesianos estaban por terminar y hoy sería el último día antes de ir de vuelta a Próxima Centauri b, a colonizar el planeta.

—Casi terminamos nuestras lecciones —comenzó hoy el jefe científico—, pero nos falta una de las más importantes: *no lo sabemos todo*. Puede parecer que con todas las teorías que les mostramos tenemos el conocimiento completo del universo, pero no es así, todavía nos falta bastante.

—Queremos encontrar una teoría que lo explique todo, desde por qué los planetas giran hasta qué hay dentro de un agujero negro y para eso necesitamos una teoría que mezcle la relatividad con la mecánica cuántica.

—Tenemos varios problemas para encontrar esta teoría tan deseada, pero una de las candidatas más fuertes en este momento es la ***teoría de cuerdas***. Según ella, la materia fundamental no son los quarks, ni los electrones, ni ninguna de las partículas que les estuvimos presentando como «fundamentales», sino una cuerda diminuta en continua vibración. Las partículas aquí no serían partículas puntuales, sino que, si las miramos más de cerca, veríamos un filamento de energía minúsculo, una cuerda. Estas no tendrán grosor, solo longitud, por lo que serían unidimensionales.

—Todas las partículas que conocemos estarían hechas del mismo material, la cuerda de la que estamos hablando. Estas son vibrantes y esa vibración puede cambiarse, dando lugar a un tipo diferente de partículas por cada clase de sonido. Sería como las cuerdas de algún instrumento. Estas pueden hacer sonar varias notas con la misma cuerda y, en el ejemplo, cada nota sería una nueva partícula (a esto se le llama pauta vibracional). De modo que puede ser que vivamos realmente en una gran sinfonía musical.

—Pero ¿cómo hacer que la mecánica cuántica y la teoría de la relatividad se lleven bien? —pregunté.

—Pues bien, la clave absoluta para fusionar la teoría de la gravedad (relatividad general) y la mecánica cuántica es que la característica esencial de la teoría de cuerdas es que su ingrediente básico no es una partícula puntual (un punto de energía del que está hecho todo), sino que es un objeto que tiene cierta extensión espacial. Además, otra cosa bastante novedosa es que de algún modo necesita la gravedad dentro de la teoría, algo que le da más peso dentro de la comunidad científica.

—Ahora, oficialmente, ya terminamos con nuestras lecciones —finalizó el gliesiano—. Al comienzo vimos que ustedes eran una especie muy cerrada, a la que solo le importaba ganar las confrontaciones con su propia especie. Quisimos que supieran que hay algo más grande detrás de eso, el mismo universo. Aprendieron que, como especie, tenemos que ser curiosos y siempre ir explorando lugares para avanzar más, no para ganarse unos a otros. Les hemos llevado a un viaje por la galaxia para enseñarles las cosas más importantes sobre el lugar en el que vivimos y mostrarles cómo el punto de vista científico les puede ayudar como sociedad. Esperamos que puedan enseñar esto a los demás humanos y se resuelvan sus problemas con los de la Tierra.

—Gracias, señor —dijeron todos los de la tripulación y yo misma—. Aprendimos mucho.

—Mañana les ayudaremos a establecer su colonia en Próxima Centauri b, así que descansen... ¡y nos vemos en la nave en dos días!

Capítulo 17
Ahora sí, a colonizar un planeta

Esos dos días pasaron volando. Con los de la tripulación decidimos ir a recorrer la gran ciudad del planeta, que lastimosamente no tuvimos tiempo de visitar durante nuestra estadía, ya que solo estábamos por el centro de investigaciones. El lugar era realmente increíble.

En cambio, ya eran las tres de la mañana de no sé qué día. No me juzguen, no era por desatenta, sino que el periodo de rotación de Gliese 667 Cc era diferente al de Marte o la Tierra y, encima, habíamos viajado al futuro. La verdad es que todo un dolor de cabeza, el tiempo.

La nave despegó. Habíamos mudado todas nuestras cosas de la otra nave (con la que llegamos a Próxima Centauri b, la que vino de Marte) e íbamos a crear la primera colonia en Próxima Centauri b.

Pasamos por otro agujero de gusano y llegamos al planeta, que se encontraba a más de diez años luz de Gliese 667.

...

Gracias a los gliesianos no nos llevó mucho tiempo empezar la colonia. Teníamos carpas, encontramos lugares de donde sacar comida y agua, teníamos energía y, sobre todo, teníamos satélites para comunicarnos con los otros humanos.

Ya estábamos prácticamente listos para enviar nuestro mensaje de que ya podían venir los humanos y eso hicimos. Para ellos habrán pasado más o menos ochenta años desde que partimos, pero para nosotros fueron solo tres semanas. Para cuando llegue el mensaje serían ya 84 años... Tuvieron que esperar bastante.

Parece que todo irá bien ahora: los humanos recibirán el mensaje, se mudarán y colorín colorado, este cuento se ha acabado. Pero no, lastimosamente no fue así. Hasta las cosas más improbables suceden.

Me acuerdo perfectamente de ese momento. Estaba acostada tomando una siesta cuando el comandante Wright nos llamó a todos con tono de urgencia. Me costó desperezarme, pero fui corriendo al centro de mando todavía en pijama.

No pude creer lo que oí, no parecía real. Les dejo que el comandante lo explique:

—Encontramos la cosa más improbable y terrible que nos pudo haber pasado. Una estrella errante, en su camino a través de la Vía Láctea, llegará tan cerca de nuestro sol que interactuará con la nube de Oort en el borde del sistema solar.

—¿Qué es la nube de Oort? —pregunté, sin entender la urgencia de la situación.

—Es la nube de «rocas» que rodea el sistema solar. Si esta estrella interactúa con estas rocas, muchos cometas irán hacia la Tierra y Marte. En efecto, según nuestras predicciones, enormes cometas ya están en camino hacia estos planetas y, si estos cometas llegan a chocar contra los planetas, será un impacto tan grande como el que causó la extinción de los dinosaurios.

—¡Oh, no!...

—Y eso *no* es lo peor —agregó el jefe científico gliesiano, que estaba al lado del comandante Wright—. Esta estrella, en apenas unos años, explotará en forma de supernova, porque ya se está muriendo.

—¿¡QUÉ!? —gritamos todos.

—Pero —pregunté—, ¿qué pasará si explota la estrella? ¿En qué hará daño a la Tierra y a Marte?

—Una supernova cercana puede causar daños masivos para la vida en un planeta —dijo la Dra. Heisenberg—. Hasta puede llegar a matar a toda forma de vida si está lo suficientemente cerca y esta supernova sí que estará *muy* cerca. Además, provocará un aumento enorme de rayos cósmicos, que también son nocivos para nosotros. En simples palabras, ¡los humanos *no* pueden seguir viviendo en el sistema solar!

—¿En cuánto tiempo pasará todo esto? —preguntó Mendel.

—En cinco años —respondió el comandante.

Capítulo 18
La catástrofe

—¿Tendremos tiempo para sacar a todos los humanos de Marte y la Tierra? — preguntó mi hermano después de un momento de silencio.

—Si se apuran, sí —respondió el jefe gliesiano—, suponiendo que los humanos ya tienen las naves necesarias, que hay un agujero de gusano cerca de Venus y, también, contando los atrasos de organización de Marte y Tierra, se podrá alcanzar a sacarlos a todos antes de cinco años.

—¿Cómo haremos para comunicarnos con ellos? —preguntó la Dra. Jenner.

—Supongo que enviando algún mensaje a través del satélite.

—No —dijo el gliesiano—. Si envían un mensaje por un satélite perderán cuatro años de su valioso tiempo. Tienen que ir ustedes mismos a dar el mensaje, así tardará en llegar menos tiempo, solo un año.

—Sí —dijo otro gliesiano—. Y no tienen que ir todos, creemos que con dos personas bastará. El resto tiene que preparar todo para lograr la gran colonia aquí, en Próxima Centauri b, ¡ya que no será nada fácil! Pero no se preocupen, les ayudaremos.

—Muchísimas gracias, de verdad —dijo el comandante Wright—. Sin ustedes no podríamos hacer nada.

—Nunca nos pasó esto a nosotros, ya que el suceso era altamente improbable, pero como ya ven, hasta las cosas improbables suceden y pasan todo el tiempo. Pero bueno, ¿quiénes llevarán el comunicado?

Hubo otro momento de silencio. Yo quería ir, quería ver a mis padres de vuelta, quería ver a la gente de Marte, pero sabía que no era la más indicada. Es que... llevar a millones de personas a un planeta era..., ehh..., ciertamente complicado.

Todos los de la tripulación se quedaron mirándose unos a otros. Los dos trabajos eran nobles, pero la decisión era difícil: o preparar la colonia o ir a Marte. ¿Cómo habrá cambiado la sociedad después de más de ochenta años?

—Creo yo —dijo la Dra. Heisenberg— que los más indicados para ir son los hermanos Planck. Los dos podrán presentar de buena manera el comunicado.

—Estoy de acuerdo —dijo el jefe científico gliesiano—. Mandaré preparar una de nuestras naves para ustedes. Tendrán que usar los agujeros de gusano e ir primero a Marte, luego intenten enviar el mensaje a la Tierra. Cuando las personas de la Tierra lleguen a Marte, tendrán que salir *todos* los humanos hacia aquí. No les tendrá que llevar más de cuatro años.

...

La reunión terminó y mi hermano y yo nos empezamos a preparar para ir a Marte. Nos subimos a la nave y nos despedimos de todos los de la tripulación y de los gliesianos. Ambos estábamos nerviosos y asustados, realmente todos. Había mucha incertidumbre en el ambiente. Sin embargo, nos sentamos en el centro de control y despegamos.

Capítulo 19
La comunicación

—No volverán —era lo que todo el mundo decía—, la tripulación jamás volverá. —No sabíamos si les había pasado algo o si ya habían hecho la colonia en Próxima Centauri b. No sabíamos nada.

En los primeros años, la comunidad de Marte estaba expectante por el mensaje de que ya podrían ir a colonizar un nuevo planeta, pero pasaron los meses, las décadas y ya casi un siglo. La gente empezó a dejarlo pasar, a perder la emoción. Tan solo fue un plan fallido. No se sabía absolutamente nada acerca de qué les habría pasado.

El Gobierno había pensado en crear otro programa de exploración al mismo planeta. Pero «¿para qué? —decía la gente—, ¿qué pasaría si la siguiente tripulación tampoco vuelve? ¡Será otra pérdida de dinero! ¡No podemos confiar en otra tripulación!». Por lo tanto, nunca se volvió a hablar sobre otro plan de conquistar otro planeta, por más bien que pueda haber sonado.

No obstante, a la gente ya no le importaba, se había olvidado, pasados los años. Ya lo habían superado. Especialmente los padres de los miembros de la tripulación. Ya no esperaban que sus hijos volviesen.

—Sabíamos que había cierta probabilidad de que no volvieran nunca —dijo mi tía una vez, la madre de George Planck—. Les extrañamos, pero no vale la pena seguir esperando.

Yo tenía doce años cuando la tripulación despegó. Jane Planck, mi prima, había desaparecido justo el día que despegaron, así que había teorías de que se había colado en la nave, ya que tampoco apareció nunca.

Mis tíos, los Planck, pasaron muchos años preocupados. Nosotros intentamos calmarlos y creo que pasado un tiempo lo logramos, pero yo también extrañaba a mi prima. Siempre pasábamos juntas largos tiempos jugando ajedrez. Mi nombre es Lise Planck. Han pasado ochenta años desde el viaje de aquella tripulación y ya tenía noventa y dos años.

La sociedad cambió bastante. Nuestra guerra con los de la Tierra había cesado casi cuarenta años después de la partida de la tripulación. Ahora comerciábamos con ellos y varias personas iban y venían siempre a los dos planetas. Algunos por turismo, otros por estudios y la mayoría por negocios. Aprendimos a llevar una muy buena relación con ellos y acordamos no volver a crear guerras entre humanos, ya que no tenía sentido. Hallamos otro sentido a la vida, el de avanzar y para eso debíamos estar todos unidos.

Realmente, mi vida era muy tranquila en ese entonces, ya que había llegado a vieja. Me acuerdo de que estaba regando mis plantas (tenía varias, todo un jardín) cuando escuché un estruendo. ¿Qué había pasado?

Millones de personas iban hacia el centro de presentaciones y todas parecían muy animadas y felices. Intenté ir lo más rápido posible y me ubiqué para ver mejor a los presentadores, que eran dos personas muy jóvenes, con trajes espaciales, como si acabaran de llegar a Marte después de un viaje fuera del sistema solar... ¿¡No serán George y Jane!?

Efectivamente, ¡sí lo eran! Por eso la expectación de todas las personas. ¡Pero qué jóvenes estaban! La dilatación temporal sí que había tenido sus efectos. Después de tanto tiempo, habían llegado, ¿pero qué había pasado con el resto de la tripulación? ¿Seguían en Próxima Centauri b?

—¡Es realmente un gusto verlos a todos! —dijo George—, pero no venimos aquí por buenos asuntos, venimos para llevarlos a todos a Próxima Centauri b, porque dentro de cuatro años la Tierra y este planeta ya no serán habitables.

Se escucharon varias voces llenas de preocupación.

—Una estrella errante, en su camino a través de la Vía Láctea, llegará tan cerca de nuestro sol que interactuará con la nube de Oort, en el borde del sistema solar. Esto quiere decir que los planetas del sistema solar recibirán varios choques de cometas enormes. Y eso no es lo peor, esta estrella, en cuatro años exactamente, explotará en forma de supernova, porque ya se está muriendo.

Más palabras de preocupación.

—Por eso mismo tenemos que mudarnos todos a Próxima Centauri b —dijo mi prima Jane—. Los demás miembros de la tripulación están preparando la colonia para que todos se encuentren cómodos allí.

Luego, el presidente se fue con ellos y agregó:

—Estuvimos hablando con los dos y comenzaremos un plan de evacuación masiva para ir al sistema de Próxima Centauri. Enviamos también un mensaje a los humanos de la Tierra para que vengan todos aquí y con nuestras naves iremos todos a colonizar el planeta. Por suerte, tenemos todas las naves necesarias para llevarlos a todos. Los de la Tierra llegarán en poco más de un año, pero mientras tanto, nosotros prepararemos las naves para que estén en perfectas condiciones para cuando lleguen. Así nos iremos lo antes posible.

...

Los de la Tierra llegaron después de un año, pero nosotros ya estábamos preparados para irnos. Mi hermano y yo (soy de vuelta Jane, había pedido a Lise que escribiera una parte de este capítulo) ya estábamos en el cosmódromo, dirigiendo a todas las personas a sus respectivos lugares. Había decenas de naves, cada una con capacidad para miles de personas. Dentro de unas cuantas horas despegaríamos. Dentro de unas cuantas horas, la raza humana saldría en su totalidad del sistema solar, no solo para colonizar un planeta, sino que, en el futuro, varios más.

Epílogo

Nos fuimos subiendo de a poco a todas las naves. En el ambiente se palpaba cierta emoción, pero del mismo modo, nerviosismo y preocupación.

Yo, sin embargo, ya era una señora vieja. Esto era una de las mejores cosas que me podrían pasar ahora, viajar a otro planeta desconocido.

Mis tíos y mis primos se habían visto y se dijeron algunas palabras de reencuentro, yo no sabía mucho, porque mi edad no me dejaba escuchar bien las conversaciones.

El año fue pasando y llegamos cerca de Venus, donde había un...¡wow!, un agujero de gusano. Había escuchado sobre eso, pero en la vida real era más impresionante. Todos los individuos que estaban en mi nave soltaron palabras de asombro.

Hablando de las naves, todavía no he dado muchos detalles sobre ellas. Eran varias naves que iban juntas, como un enjambre. Cada una era tan enorme como una ciudad y todos teníamos habitaciones propias. Sí, pequeñas pero propias. Había grandes salas de estar y comedores. Teníamos todo lo que necesitábamos para estar aquí por un año (que sería la cantidad de tiempo necesaria para llegar hasta Venus, donde estaba el agujero de gusano y así llegar casi al instante hasta nuestro destino principal).

Terminamos de pasar por el agujero de gusano y seguía tan maravillada que no me di cuenta cuando Jane se acercó a mí.

—¿Qué tal, Lise? —me preguntó.

—¡Jane! Tanto tiempo, prima.

—Para ti, ochenta años, para mí, tan solo dos.

—Lo que es la dilatación. Ahora soy una vieja y tú sigues siendo una niña de tan solo doce años.

—Ya ves, prima. ¿Qué tal estuvo la vida por Marte durante todo este tiempo?

—Bastante tranquila. Aparte de la resolución que hubo entre nosotros y los de la Tierra, no pasó demasiado. Pero parece que tú sí que tienes mucho que contar.

—De hecho, sí. Por eso mismo, dentro de unas horas, cuando lleguemos, empezaré a escribir un libro de todo lo que pasó.

—¡Qué magnífico!

—Y quería saber si querrías escribir un capítulo contando lo que pasó en Marte.

—¡Claro! Con gusto.

—Gracias, Lise.

De repente, sonó la voz del piloto de la nave por los altavoces.

—Buenos días a todos, avisamos que en unos minutos estaremos aterrizando en Próxima Centauri b, les recomendamos que vayan preparando sus cosas.

En efecto, ya estábamos en la órbita del planeta.

—Dime, Jane —le dije a mi prima—. Un sol erró en su camino, casi por casualidad se iba a convertir en una supernova y por suerte ustedes se dieron cuenta antes que nosotros y nos terminamos mudando todos. ¿Cuál era la probabilidad de que eso pasase?

Se rio y me respondió:

—Extremadamente baja. Tal como dice Aristóteles: «Es probable que sucedan cosas improbables. Concedido esto, se podría argumentar que lo que es improbable es probable».

Observaciones

En el texto se ve que el transporte principal de un punto hasta otro en el espacio son los agujeros de gusano. Debo confesar que hoy en día no se sabe si eso es físicamente posible. Es, sin embargo, una de las opciones más interesantes de poder llegar a viajar interestelarmente, pero ni siquiera se sabe si en el espacio-tiempo son reales estos tipos de estructuras. Es decir, por ahora son solo sujetos hipotéticos.

El problema principal, además de su propia existencia, es que no se sabe si son estables o si los podemos hacer aparecer cuando queramos. Realmente, los científicos se mantienen escépticos acerca de muchos detalles sobre ellos, ya que son muchas las preguntas sin respuesta. ¿Podríamos crearlos y manipularlos, haciendo uso de alguna tecnología avanzada? ¿Son parte del universo? ¿Son estables para permitir viajes humanos? ¿Siempre están abiertos o solamente durante un tiempo limitado? ¿Son peligrosos para los humanos? Se dice que pueden ser estables utilizando materia exótica, un material que desafía las leyes conocidas de la física.

Esta es una de las pruebas de que todavía no lo sabemos todo acerca del universo y que debemos seguir intentando hallar las respuestas.

Lecturas Recomendadas

Adams, D. (1979). *Guía del autoestopista galáctico*. Barcelona. Anagrama.

Abbott, E. A., & Villa, J. (1976). *Planilandia*. Guadarrama.

Bryson, B. (2003). *Una breve historia de casi todo*. RBA Bolsillo.

Cox, B. (2014). *El universo cuántico: y por qué todo lo que puede suceder, sucede*. Debate.

Dawkins, R., & Suárez, J. R. (1979). *El gen egoísta*. Barcelona. Labor.

Dick, P. K. (2021). *The Defenders*. Andrews UK Limited.

Ellenberg, J. (2014). *How not to be wrong: The hidden maths of everyday life*. Penguin UK.

Greene, B. (2010). *El tejido del cosmos: Espacio, tiempo y la textura de la realidad*. Editorial Crítica.

Hamuy, M. (2018). *El universo en expansión*. DEBATE.

Hawking, S., & Jou, D. (2002). *El universo en una cáscara de nuez*. Barcelona. Crítica.

Hawking, S., & Ortuño, M. (1988). *Historia del tiempo* (Vol. 21). Editorial Crítica.

Thorne, K. S. (1995). *Agujeros negros y tiempo curvo*. Crítica.

Weir, A. (2021). *Proyecto hail Mary*. Nova.

Agradecimientos

Me gustaría expresar mi gratitud a todas las personas que han aportado ideas y opiniones en la elaboración del presente texto, que es mi tercer libro.

Primeramente, quiero mencionar a mis padres, quienes todos los días me apoyan y me dan ánimos para seguir con mis proyectos e ideas. Gracias a ellos he podido lanzar los libros.

Luego, quisiera mencionar a Agustina Oviedo por haber creado y diseñado la increíble portada de este libro, sin duda la mejor portada que he visto hasta la fecha.

Finalmente, me encantaría mencionar a Alelí Giménez, Alejandro Patiño, Alysa Ibarra, Ángeles Cibils, Ángelo Segrado, Ángelo Serafini, Ariel Insaurralde, Arami Sanabria, Arturo Maldonado, David Valdez, Diego Almada, Emma Britos, Fernanda Gómez, Fernando López, Gabriela Miranda, Johan Troche, Jorge Enciso, Kaori Shima, Lucas Ríos, Majo Ortiz, Martina Ciz, Martina Merino, Mauricio Ortega, Paulo Scharaer, Samira Insaurralde, Sara Ltaif, Soraya Báez, Tatiana Fleitas, Valentina Melzer y Valentina Rolón, quienes me han ayudado a mejorar el libro y brindado diversas correcciones.

Bibliografía

Asimov, I., de Orus, J., & Vázquez, M. (1985). *Introducción a la ciencia*. Orbis.

Asimov, I. (1979). *100 preguntas básicas sobre la ciencia*. Madrid, Alianza Editorial SA.

Bryson, B. (2003). *Una breve historia de casi todo*. RBA Bolsillo.

Carroll, S. (2011). *From Eternity to Here*. Penguin.

Carroll, S. (2017). *The big picture: on the origins of life, meaning, and the universe itself*. Penguin.

Crespo, J. L. (2022). *Te explico el Big Bang con una Botella de Agua*. Youtube. (https://youtu.be/wByII9P4fS8).

Cox, B. (2014). *El Universo cuántico: y por qué todo lo que puede suceder, sucede*. Debate.

Das, K. K. (2015). *The Quantum Rules*. Skyhorse.

Dawkins, R., & Suárez, J. R. (1979). *El gen egoísta* (p. 77). Barcelona. Labor.

Einstein, A. (1948). *The special and general theory*. Prabhat Prakashan.

Ellenberg, J. (2014). *How not to be wrong: The hidden maths of everyday life*. Penguin UK.

Feynman, R. (2007). *The Character of Physical Law*. Penguin.

Feynman, R. P. (2014). *Qed*. Princeton University Press.

Greene, B. (2010). *El tejido del cosmos: Espacio, tiempo y la textura de la realidad*. Editorial Crítica.

Greene, B. (2006). *El universo elegante. Supercuerdas, dimensiones ocultas y la búsqueda de una teoría definitiva*. Crítica.

Greene, B. (2013). *Is our universe the only universe?* TED-Ed.

Greene, B. (2011). *La realidad oculta: Universos paralelos y las profundas leyes del cosmos*. Grupo Planeta Spain.

Gleick, J. (2022). *Caos*. Rizzoli.

Harari, Y. N. (2018). *21 lecciones para el siglo XXI*. Debate.

Hamuy, M. (2018). *El universo en expansión*. DEBATE.

Hawking, S., Mlodinow, L., & Jou, D. (2010). *El gran diseño*. Barcelona. Crítica.

Hawking, S., & Jou, D. (2002). *El universo en una cáscara de nuez*. Barcelona. Crítica.

Hawking, S., & Ortuño, M. (1988). *Historia del tiempo* (Vol. 21). Editorial Crítica.

Kaku, M. (2010). *Física de lo imposible: ¿podremos ser invisibles, viajar en el tiempo y teletransportarnos?* Debate.

Kaku, M. (1996). *Hiperespacio*. Crítica.

Kaku, M. (2005). *Parallel Worlds: A Journey Through Creation, Higher Dimensions, and the Future of the Cosmos*. Doubleday Books.

Krauss, L. M. (2012). *A universe from nothing: Why there is something rather than nothing*. Simon and Schuster.

Kumar, M. (2008). *Quantum: Einstein, Bohr and the great debate about the nature of reality*. Icon Books Ltd.

Kurzgesagt - In a nutshell. (2018). *How to build a Dyson Sphere*. (Youtube).

Mack, K. (2021). *El fin de todo (astrofísicamente hablando)*. Crítica.

Penrose, R. (2011). *Ciclos del tiempo: una extraordinaria nueva visión del universo*. Debate.

Pomeroy, R. (2017). *How to Build a Dyson Swarm*. Space. (https://www.space.com/38031-how-to-build-a-dyson-swarm.html)

Randall, L. (2012). *Universos ocultos: un viaje a las dimensiones extras del cosmos* (Vol. 236). Acantilado.

Rovelli, C. (2018). *Reality is not what it seems: The journey to quantum gravity*. Penguin.

Sagan, C. (1980). *Cosmos*. Lorient Books.

Segura, Antígona. (2010). *La Tierra vista como exoplaneta*. Revista mexicana de ciencias geológicas, 27(2), 374-385. Recuperado en 20 de julio de 2022, de http://www.scielo.org.mx/scielo.php?script=sci_arttext&pid=S1026-87742010000200017&lng=es&tlng=es.

Semiz, I., & Oğur, S. (2015). *Dyson Spheres around White Dwarfs*. arXiv preprint arXiv:1503.04376.

Stewart, I. (2017). *Las matemáticas del cosmos*. Editorial Crítica.

Takaoka, K. (2021). *Un viaje rápido por la física*. Editorial Atlas.

Tegmark, M. (2014). *Our mathematical universe: My quest for the ultimate nature of reality*. Vintage.

Thorne, K. S. (1995). *Agujeros negros y tiempo curvo*. Crítica.

Weinberg, S. (2020). *El sueño de una teoría final*. Editorial Crítica.

Weinberg, S. (2015). *Explicar el mundo*. Penguin.

Wilczek, F. (2022). *Las diez claves de la realidad*. Editorial Crítica.

Índice